多肉混栽美美哒

[日] 田边正则 编著

袁光 译

江苏凤凰科学技术出版社

多姿多彩的多肉植物

形态各异的叶片

多肉植物最具特色的部分就是它别致的叶片。肥硕的、摇曳生姿的、像树皮般的，各种各样的叶片让观赏者百看不厌。

感知叶片中的季节感

多肉植物的叶片会随季节变化而变幻出令你意想不到的绚丽色彩。天暖时，叶片的颜色会变得很柔和；天冷时，则会变得更加鲜艳迷人。

搭配自然素材浑然天成

生命力顽强的多肉植物在养护时既不需要土壤肥沃，也不需要花器精美。即使将其栽种在树墩、白木通藤条等自然素材上，也能创作出美丽的混栽艺术品。

搭配老物件相得益彰

陈旧的废木料、生锈的铁罐等老物件，都是栽种多肉植物的好材料。在严酷的环境下依然能茁壮成长的多肉植物，能让这些老物件焕发出新的光彩。

序

曾是一名花农的我，自从看过一本英国园艺杂志刊登的植物园导览图之后，就与多肉植物结下了不解之缘。点缀在导览图边边角角的多肉植物为我的创作带来了无数灵感。

自那时起，我放弃了侍弄多年的温室花草，开始栽种多肉植物。在这四五年的时间里，我在养护多肉植物的过程中积累了不少经验。现在，我的花园里一半栽种着多肉植物，另一半则栽种着宿根草本类植物。

只要掌握养护要点，谁都可以把多肉植物养得胖胖的、美美的。养护时最重要的一条就是浇水要适度。多肉植物不同于一般的花草，不能频繁地给它浇水。很多人一时兴起买了一盆多肉植物回家，而当他们出游一周回来后，却惊奇地发现被冷落了一周的多肉植物反而比出门之前长得更茁壮、更健康了。

多肉植物不仅可以用来做混栽园艺，还可以栽种到各种奇形怪状的容器里。这也是多肉植物有别于一般花草的一大特点。当你把它栽种到古旧的老物件里时，你就能感受到它化腐朽为神奇的力量了。因此，我每次进山都会特别留意一些被人们丢弃的朽木、白木通的藤条、生锈的铁皮以及旧餐具等“垃圾”。如果把多肉植物栽种在这些废品上，它们就会变成赏心悦目的艺术品。在我看来，这座山是宝山，丢弃在山中的废品也是宝贝。

除了普通的花器，本书还会为您介绍一些“变废为宝”的方法。不过，我能为您介绍的只是一小部分，大家可以自由发挥想象力，创作出更多的“多肉艺术品”。希望我的作品能为您的创作带来启迪与灵感。

田边正则

目录

Part 1 多肉植物的基本养护方法

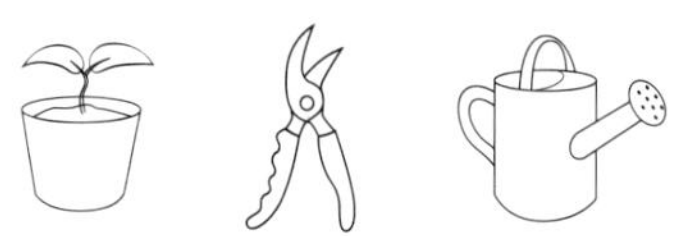

Part 2 多肉植物的混栽与花艺设计

Part 3 多肉植物的分类与索引

章节概述

Part 1 多肉植物的基本养护方法

本章详细介绍了栽种多肉植物前的准备工作和注意事项。您可以参照书中提示的浇水频度进行操作，也可以按照书中介绍的混栽方法进行大胆实践。

Part 2 多肉植物的混栽与花艺设计

本章会为您介绍一些多肉植物混栽和造型的方法。图片中的构图与素材搭配仅供参考。

❶ 混栽要点

造型时要明确植物的色调与花器的特点。

❷ 必要工具

介绍混栽时需要用到的植物与花器。多肉植物按照其生长形态可大致分为三类，详情请见第 4 页。

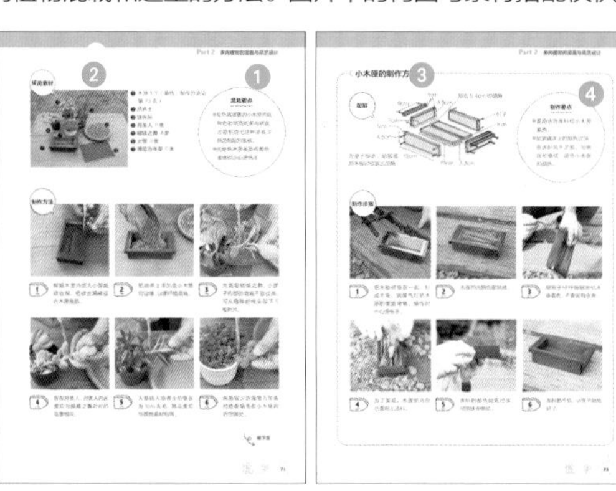

❸ 花器图解

以图片的形式为您介绍如何制作花器。

❹ 制作花器的要点

为您介绍制作花器的步骤与要点。

Part 3 多肉植物的分类与索引

为便于选择混栽素材，本书按照多肉植物的生长形态将其划分为三个类型，即横向生长型、纵向生长型和下垂生长型，并对各类型多肉植物进行了详细的介绍与说明。

❶ 植物名

主标题是该物种的通用名，括号内是其别名。

❷ 科属名

标记该物种在植物分类学上的科属分类。

❸ 生长类型

多肉植物共有三种类型，即春秋型种、夏型种和冬型种。三个类型的多肉植物在栽培与养护上没有显著差别。

❹ 观赏价值

多肉植物最具观赏价值的部位共有下列三处。

形状独特的叶形 ⇨ 

颜色美丽的叶色 ⇨ 

形态曼妙的株姿 ⇨ 

❺ 培育难易度

表示养护时的难易程度。不需要太多照顾的多肉植物培育难易度低。而那些需要调适光照的斑锦类多肉植物、需要注意浇水频度以及耐热性差、耐寒性差的多肉植物，在养护时则要多加小心，其培育难易度为一般～偏难。

⇨ 偏难　 ⇨ 一般

 ⇨ 容易

❻ 参考图片

为便于混栽，书中还为您奉上了平摄和俯摄两种角度拍摄的示例照片。

Part 1

多肉植物的基本养护方法

栽种之前，让我们先来了解一下多肉植物的特征。多肉植物的养护并不复杂，但如果按照一般花草的养护方法去培育多肉植物，那就很容易失败。在此，本章将为您介绍一些最基本的多肉植物养护方法。

多肉植物竟然是这样的呀

与其他的花花草草相比，多肉植物不仅有独特的叶姿，还有与众不同的特性。

什么是多肉植物？

人们把那些营养器官肥大的植物称作多肉植物。多肉植物大多生长在气候干燥的环境下，并能适应含有一定盐分的土壤，其叶、茎可以存储充足的水分。正因为如此，大部分多肉植物独特的叶姿和普通花卉的叶姿略显不同。

仙人掌肥厚的叶片也能存储水分，但人们并不把仙人掌归类为多肉植物。此外，球根类植物、凤梨科植物和兰草科植物均不被视作多肉植物。

多肉植物大多生长在气候干燥的热带，是几经进化并能够适应盐性土壤的高等植物。多肉植物主要分布在美洲大陆和非洲大陆及其周边的一些岛屿上，其原种就多达一万多种。

仙人掌是多肉植物吗？

从广义上讲，仙人掌也属于多肉植物的范畴。但仙人掌是仙人掌科植物，而且这个科目又包含了很多种类。所以，园艺学上一般不把仙人掌看作多肉植物。

此外，仙人掌也有一个有别于多肉植物的重要特征，那就是它的刺座。

仙人掌的刺座生长在刺的根部，上面还长有细小的绒毛。这也是仙人掌科植物的专属特征，其他多肉植物并不具备这一特征。虽然也有无刺的仙人掌，但它的叶片上依然长有刺座，所以这样的仙人掌也不能算作多肉植物。另外，像大戟属一类的多肉植物虽然也带刺，但它们不同于仙人掌，没有刺座，所以依然被划进了多肉植物的范畴。

多肉植物和仙人掌的区别

仙人掌

团扇仙人掌一族。刺的根部有长有绒毛的刺座。

多肉植物

大戟属 · 琉璃晃。多肉植物即便有刺，但没有刺座。

多肉植物的分布状况

多肉植物大多分布在气候干燥的热带地区。但像戈壁滩或撒哈拉沙漠一样荒凉的地方，也不适合多肉植物的生长。有旱、雨两季的大沙漠周边地区和空气干爽的高原地区则是多肉植物生长的极佳环境。此外，海滩、盐湖等含盐度高的地区也长有许多进化而来的高等多肉植物。非洲大陆、美洲大陆及其周边的岛屿上也生长着多种多样的多肉植物。

生长在日本的多肉植物

潮湿多雨的日本也生有马齿苋科马齿苋属、景天科景天属、瓦松属等若干种类的多肉植物。它们大多生长在海岸向阳的山崖上，卵石堆砌的河堤旁以及排水性良好的田地里。充足的日照时间，干爽且通风性良好的环境是多肉植物生长的必备条件。

马齿苋

生长在田间地头的多肉植物。其叶片短小圆润，花朵小巧嫩黄。对一些人来说，马齿苋也是一种很好的野菜。

垂盆草

能够在柏油路旁和石头缝里生长的垂盆草，生命力极强。它的茎蓬松地开散着，花朵为黄色。

多肉植物的生长类型

多肉植物可按照各自的生长期划分成三种类型，即春秋型种、夏型种和冬型种。但三种类型的多肉植物在生长时，并无明显的差异。

三种生长类型

多肉植物健壮而肥厚的茎叶能够存储很多水分，这些水分能够帮助它们以休眠的状态顺利地度过旱季。气温变化能够影响自生地的湿度。大多数多肉植物可根据气温变化自行调节生长期与休眠期。自生地不同，多肉植物的生长类型也不同。在冬季为旱季的地区，多肉植物会在天气温暖的时节生长；在夏季为旱季的地区，多肉植物会在天气凉爽的时节生长。环境适应力强的多肉植物即使生长在无旱季的日本，也会根据季节变化（温度变化）而呈现出各种不同的生长样态。

生长在日本的多肉植物也有春秋型种、夏型种和冬型种三种类型。但由于日本毕竟不是多肉植物生长的最佳环境，所以各种多肉植物体现出来的生长差异也不是特别明显。生长在日本的多肉植物，冬型种耐热性差，夏型种耐寒性差。

在栽种时，只要牢记各类多肉植物的特征，并根据它们的特点加以呵护，多肉植物就能生长得既健康又美丽。

※ 如环境适宜，则不同类型多肉植物在生长过程中体现出来的差异较小。

三种生长类型的多肉植物的特征

生长期　生长缓慢的阶段 · 休眠期

	特征	冬	春	夏	秋
春秋型种	春秋两季生长；夏、冬两季生长缓慢，进入休眠状态				
夏型种	春夏秋三季均可生长；气温降低时就进入了休眠状态				
冬型种	仅在冬季生长；气温升高时就进入了休眠状态				

※ 如果管理得当，处于生长缓慢阶段及休眠状态的多肉植物也能生长。

◀是指冬夏两季休眠，仅在春秋两季生长的多肉植物。春秋两季，可将此类植物摆放在阳光充足的位置养护。夏季摆放在通风良好且不会被阳光直射的阴凉处养护。冬季摆放在室内养护。相比之下，夏型种和冬型种的多肉植物在春秋两季也能茁壮地生长。图为月美人（见第139页）。

▶此类多肉植物的生长期为春夏秋三季。冬季是其生长速度缓慢的休眠期。气温降低时，可减少浇水的量与频度，注意保持土壤干燥。一般来说，多肉植物不喜欢生长在高温潮湿的环境下。因此，即便处于生长期的多肉植物也不需要浇太多的水。如在冬季加温，多肉植物也会在休眠期生长。但这样做会破坏多肉植物自行调节的能力，多年后将导致多肉植物无法进入休眠状态，不利于它的生长。图为霜之鹤（见第141页）。

◀此类多肉植物的生长期从晚秋开始到翌年初春时节结束。炎热潮湿的夏季是它的休眠期。夏季，可把此类多肉植物养护在阳光照射充足的环境下，但应避免日光直射。当炎热干燥的夏季来临，此类多肉植物就会进入休眠状态。因此，在夏季高温潮湿的日本，养护此类多肉植物时一定要使土壤保持干燥。此类多肉植物的生长期虽然在冬季，但当气温下降到0℃或0℃以下时，应减少浇水量，以免冻伤植株。图为黑法师（见第134页）。

选种要点

要想养出一株健康美丽的多肉植物，最关键的一步就是选种。

亲自选出一棵好花苗

随着多肉植物人气的一路走高，出售多肉植物的花店和能够买到的品种也越来越多。除了园艺店、建材市场的园艺角，我们还可以在百货商店或通过网购的方式购买到自己喜欢的多肉植物。如果条件允许的话，最好在实体店选购花苗。网购时可参考买家的评价，谨慎选择卖家。

不要购买处于休眠期的花苗

了解了多肉植物的生长类型之后，选购花苗时最好购买处于生长期的花苗，因为这样最容易判断花苗的生命力是否旺盛。处于生长期的花苗在移栽时，即使伤了根也不要紧，因为处于这一时期的植株生命力顽强，所以很快就能恢复过来。

在高温潮湿的梅雨季节，任何种类的多肉植物生长速度都会变得很缓慢，不仅养护麻烦，而且极容易失败。所以，尽量不要在此时节购买花苗。

考察花店的养护方法

购买之前，首先要考察一下花店的养护情况，尤其要确认花苗的摆放位置。

一般来说，摆放在户外，日照时间充足的花苗可以重点考虑。而摆放在室内的花苗由于长期日照不足，容易引发徒长，购买时需仔细检查。

另外，如果花盆上生有苔藓，则表明浇水过多、花土排水性差。说明花店的养护方式有问题。

判断花苗的方法

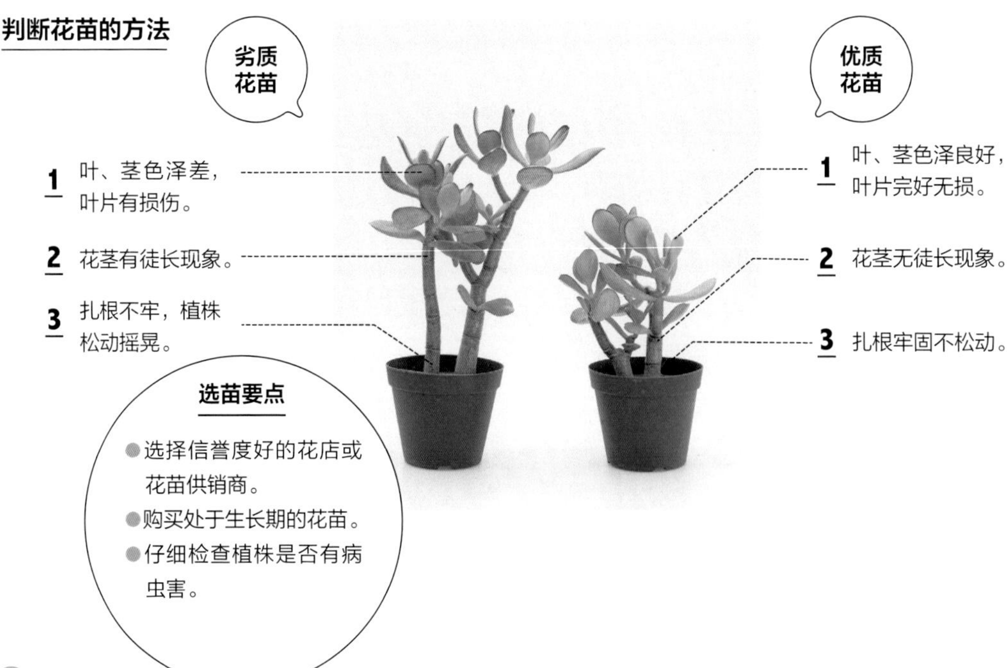

选苗要点

- 选择信誉度好的花店或花苗供销商。
- 购买处于生长期的花苗。
- 仔细检查植株是否有病虫害。

株姿的类别

多肉植物虽有多种多样的株姿，但园艺店多会用枝插法把植株密密麻麻地栽种在一起。因此，顾客在购买时也无从知道它们长大后的样子。为了方便您的选购，本书按照株姿的形态把多肉植物划分为三种类型。

●横向生长型（A 类）

这类多肉植物的叶片像绽放的花朵一样，其繁育出来的低矮的子株会向水平方向生长。这种形态的多肉植物适合为造型饱满葱茏的混栽做素材。

▲水平横向生长型

此类植物的植株高度偏低，多向水平方向生长。图为高砂之翁。

▲叶片肥硕的横向生长型

此类多肉植物枝繁叶茂，郁郁葱葱。图为熊童子。

▲横向直立生长型

子株会从根部繁育出来。属于横向生长的同时，直立向上生长的类型。图为白牡丹。

纵向生长型（B类）

这类多肉植物在生长过程中可分为出芽和不出芽两个种类。此类植物花茎高挑，立体感强，很适合在混栽中以主角的身份占据醒目的位置。

纵向生长型 B类

▲向上直立生长型

此类多肉植物在植株长高后，会从茎的生长点分长出新的叶片。老叶片脱落后，花茎看起来会十分显眼。图为筒叶花月。

▲枝叶繁茂的直立生长型

此类多肉植物会从茎上生长出很多叶片，生命力旺盛地直立向上生长。图为獠牙仙女之舞。

下垂生长型（C类）

混栽时，可让此类多肉植物的枝条垂挂在花器的边缘。

下垂生长型 C类

◀此类多肉植物植株疏散，枝叶下垂。图为翡翠珠。

基本养护方法 1 种植土

可以购买市场上出售的多肉植物用种植土，也可以根据具体情况配制自己需要的花土。

选用蓄水性低的土壤

排水性良好、蓄水性低的土壤最适合栽种多肉植物。

土壤的透气性（排水性）非常重要。能够让空气渗入到植株根部的大颗粒鹿沼土和赤玉土最适合做多肉植物的种植土。考虑到种植土应有一定的蓄水性，可在配制时加入一些腐叶土。土壤中的杂菌过少，也会影响多肉植物的健康成长。

购买市场上出售的培养土

如果您想轻轻松松地体会到栽种的乐趣，去市场上买些培养土就可以了。“仙人掌 · 多肉植物培养土”就很适合栽种多肉植物。如希望植株保持娇小玲珑的体态，也可以选用排水性好、蓄水性低的土壤。排水性良好的土壤不能保存太多的肥料，这样就能使植株很好地保持“身材”了。

如果希望植株生长得高大一些，可选用一般的花草种植土栽培多肉植物。为了提升土壤的排水性，可在花土内加入 20%～30%的轻石加以调节。

自制花土，享受种植的快乐

可以在市场上出售的种植土中添加一些土壤，自行配制花土，体验种植的乐趣。

过去，人们多用河底的沙土栽种多肉植物。现在，人们大多会根据栽培条件、管理方法等实际情况，把不同土质的土壤混合在一起来配制花土。

自制花土多是在鹿沼土、赤玉土以及轻石的基础上加入少许腐叶土，从而调节花土的蓄水性。

花土的配制方法

蓄水性较好的花土配制比例

用这种比例配置出来的花土能使植株迅速地生长发育。为避免土壤过于潮湿，需注意浇水量要适度。

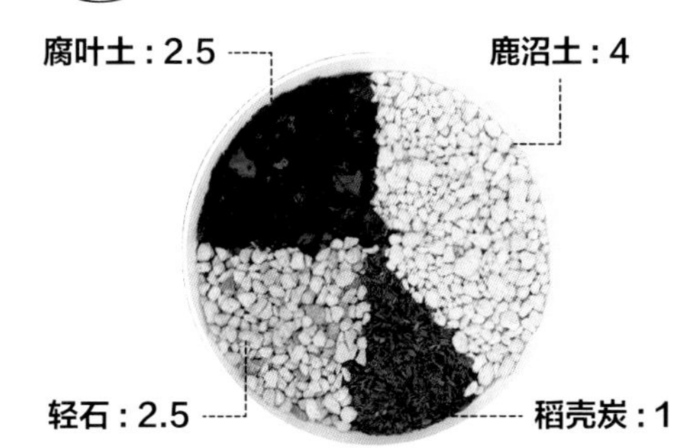

栽种多肉植物的一般种植土。其排水性能良好，能控制植株生长速度，使植株保持优美而小巧的体态。

腐叶土 : 1
赤玉土 : 4
轻石 : 4
稻壳炭 : 1

基本土 改良土 培养土的特征

基本土

▲**轻石**：含火山灰质细粒土的砾质土，具有多空轻巧的特点，是栽种多肉植物时必不可缺的花土。颗粒状的轻石具有极好的透气性和一定程度的蓄水性。大粒的轻石还可以做花盆排水孔上的垫石。

▲**赤玉土**：把火山灰土、赤土中的小颗粒筛掉，余下来的大块颗粒状物质就是赤玉土。根据颗粒的大小，赤玉土有大粒、中粒、小粒之分。这种土壤的透气性和排水性良好，很适合栽种多肉植物。

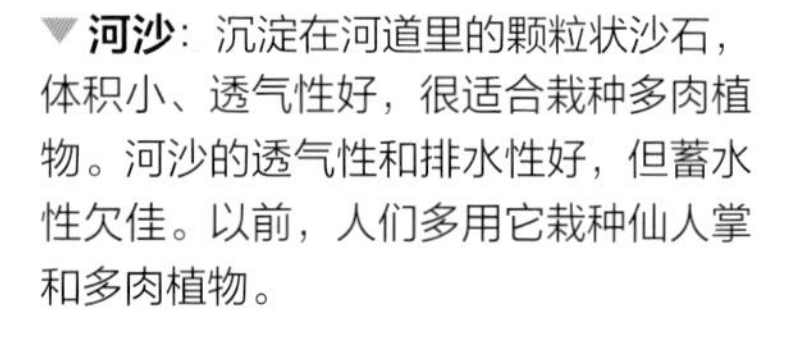

▼**河沙**：沉淀在河道里的颗粒状沙石，体积小、透气性好，很适合栽种多肉植物。河沙的透气性和排水性好，但蓄水性欠佳。以前，人们多用它栽种仙人掌和多肉植物。

▼**鹿沼土**：日本栃木县鹿沼市一带出产的园艺用土。除尘后的颗粒状物质有极好的透气性、排水性和一定程度的蓄水性。呈酸性，几乎不含有机质成分。

培养土

▶市场上出售的多肉植物用培养土

这种土就是市场上出售的仙人掌·多肉植物栽培土。培养土的主要成分是赤玉土和鹿沼土，其中还混有腐叶土等改良土。有的培养土内还含有一定程度的基肥。

改良土

▲**腐叶土**：用橡胶叶、榉树叶和小橡树叶等几种阔叶树的叶子堆积在一起，经发酵制成的营养土。与基本土混合后，可改善土壤的透气性、排水性、蓄水性和保肥性。

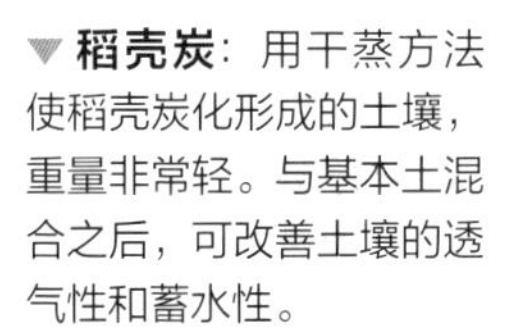

▼**稻壳炭**：用干蒸方法使稻壳炭化形成的土壤，重量非常轻。与基本土混合之后，可改善土壤的透气性和蓄水性。

▲**珍珠岩**：高温烧制而成的白色黏土质土壤，呈颗粒状、粉末状。珍珠岩可在市场上买到。由于颗粒中有很多孔隙，因而有很好的保肥性能。富含矿物质成分的珍珠岩也被用作防腐剂，混在泥土中或置于花盆底部，以防烂根。

基本养护方法 2 移栽

应每隔 2 ~ 3 年给多肉植物换一次土，为它创造新的生长环境。

 把多肉植物移栽到心仪的花器中

耐旱能力强的多肉植物只需要一点点土就能生长得很旺盛。因此，多肉植物可以栽种在各式各样的容器内。可以把它栽种到漂亮的花器里，让它作为一件装饰品为您的生活增色。移栽时不可以浇水，要保持土壤的干燥。

栽种在花盆里的多肉植物，时间一长就会长出很多根须，这会影响花土的透气性和排水性。而且，根也会产生代谢物，影响花土的质量。质量低劣的土质会阻碍多肉植物的生长，严重时还会导致植株的枯萎和死亡。因此，应每隔 2 ~ 3 年给多肉植物换一次土，并将其移栽到新的环境中。

移栽后，应把多肉植物摆放在明媚的阳光下，且 7 ~ 10 天内不予浇水。

移栽要点

▲移栽时要保持土壤干燥

移栽前不要给多肉植物浇水，要在土壤干燥的条件下进行移栽。新花土也要保持干燥。移栽后的 7 ~ 10 天内，不要给植株浇水。

▼ **双层花盆可直接移栽**

如您买到的多肉植物自带双层花盆，可将植株从内侧的一次性塑料花盆直接移栽到外侧的塑料花盆里。

挑选花器的要点

▶ **玻璃器皿**

玻璃器皿的底部没有排水孔，用它做花盆时，一定要选用排水性优良的土壤，还要在土壤中加入防止根须腐烂的防腐剂。

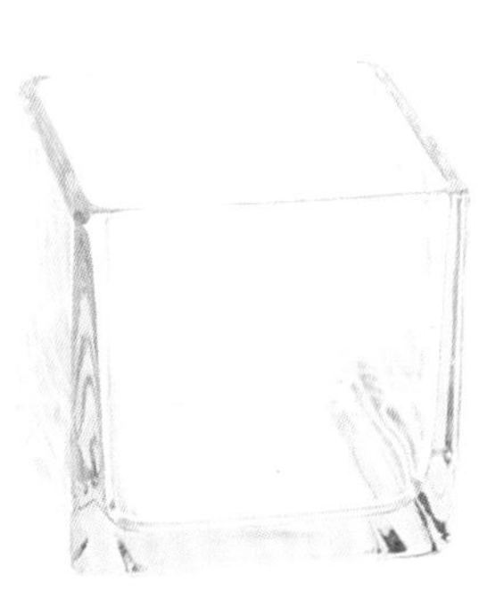

▶ **木质花器**

长期使用木质花器虽然会生出很多裂痕，但其斑驳陈旧的样子反而能衬托出多肉植物的魅力。

◀ **金属容器（铁罐）**

可以直接使用，也可以先用钉子在铁罐底部钻一个排水孔，再做花盆使用。

◀ **瓦盆**

传统的花盆，透气性良好，最适合栽种多肉植物。

将植株移栽入浅底花盆的方法

1 根据新花盆深度，保留植株根部的部分土坨。可把两株幼苗栽种在一个花盆里。

2 移栽后，根据新花盆的深度调整花土的分布。

3 轻轻地拍打花盆，再把干燥的培养土填入花盆内即可。

1 把植株从旧花盆中取出。移栽时，应小心地托住根部，不要破坏根部的土坨。

2 把根部土坨上的土掸掉少许，将植株栽入新花盆。

3 轻轻地拍打花盆，再把干燥的培养土填入花盆内即可。

基本养护方法 3　摆放位置

应把多肉植物摆放在日照充足、通风良好的位置，而不要将其置于潮湿环境中。

梅雨时节和闷热夏季的养护要点

和其他植物一样，多肉植物在生长过程中也离不开温暖的阳光。应把多肉植物常年摆放在日照充足的位置。但夏季毒辣的阳光会灼伤叶片，影响植株的正常生长。为避免夏日骄阳的直射，应把多肉植物摆放在能透过些许阳光的树荫下，并采取相应的遮阳措施。

多肉植物共同的特点是喜干畏湿。由于它们不能适应高温潮湿的气候环境，因此在梅雨时节和闷热的夏季，一定要对多肉植物加强管理，加倍呵护。

可将多肉植物放置在通风良好、空气干爽的位置。户外短期的自然降雨不会对多肉植物的生长造成威胁。但是在梅雨期、闷热多雨的夏季，一定不要把多肉植物扔在院子里任由它经受风吹雨打。切记保持土壤干燥。

放置在日照时间充足、通风良好的地方▶
绝大多数的多肉植物在日照时间充足的环境下都能长得很好，但也要避免夏季日光的直射。另外，有些多肉植物虽然具有一定的耐寒性，但多数时候它们都会被养在室内。可以把它们摆放在阳光明媚的窗台上。多肉植物喜欢干燥的气候环境，如果空气中湿度过大，就会影响它的生长。为了保证良好的通风性，切忌将多肉植物栽种得过于密集，应把它们摆放在通风良好的高处。

◀应避免雨过天晴后的阳光直射
梅雨时节应搭建遮雨棚，不要让多肉植物淋到雨。雨过天晴后，不要立即把多肉植物暴露在阳光下，这样会影响它的生长发育。可以让多肉植物一点一点地接受阳光的照射，根据阳光的角度调整多肉植物的摆放位置。

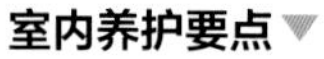

室内养护要点▼

冬季，人们经常会把多肉植物摆放在窗台上，但隔着玻璃窗的那点阳光对多肉植物来说是远远不够的。如果天气不是非常冷，可将其移到室外，接受充足的日光照射。注意要让多肉植物与暖气、空调等取暖设施保持适当的距离。

应避免夏日阳光的直射▲

多肉植物的生长虽然离不开阳光，但夏日的骄阳也会把它的叶片灼伤。尤其是冬型种的多肉植物，在养护时一定要避免夏日阳光的曝晒，可为其增设遮阳设施，或将其摆放在阴凉处。

不要把花盆直接摆放在地面上◀

由浇水或淋雨而溅到植株上的泥垢会影响多肉植物的生长，引发各种病害。如果把花盆直接放在水泥台上，则会使花盆内的温度过高。为给多肉植物提供良好的生长环境，可将花盆摆放在花台上，使之避免与地面直接接触。

不要让多肉植物长时间淋雨◀

多肉植物不喜欢潮湿多雨的气候环境，最好把它摆放在淋不到雨的房檐下。但摆在房檐下又不能很好地接受日光的照射。所以，还是要尽量把多肉植物摆放在室外。摆放在户外时，不要让多肉植物每周的淋雨次数超过三次。

严防寒霜▶

虽然也有耐寒性强的多肉植物，但大多数多肉植物遭遇寒霜之后都会烂根。应在下霜前把多肉植物移回室内。有些品种的叶片会随着气温的降低而变成红色。可以把这样的品种摆放在日照充足的屋檐下，并适量地浇一点水。耐寒性差的多肉品种则要在气温降到5℃以下之前，多肉尽早移回室内。

基本养护方法 4 浇水

多肉植物不能适应潮湿的环境，也不需要过多的水分。如果用给一般花草的浇水方式养护多肉植物，则会导致多肉植物根部溃烂。

多肉植物每月有 2 ~ 3 次生长期，1 次休眠期

据说，很多养花养得很好的人都养不好多肉植物。我想，他们的失败原因应该是浇水过量！

多肉植物有喜干畏湿的特性。人们在养护普通花草时，一旦看见表层花土干燥就会给它们浇水。可如果用同样的方法对待多肉植物，就会造成植株的烂根，最终会使其枯萎死亡。多肉植物的花土完全干燥需要 5 ~ 6 天的时间，一定要等到花土完全干燥之后再给它浇水。

此外，浇水的频度也和土壤的蓄水性有关。一般来说，每月只需给多肉植物浇水 2 ~ 3 次就够了。如果把多肉植物养在室外，则要留意天气的变化。下雨之前就不要再给多肉植物浇水了。

休眠期更要控制浇水量与频度

多肉植物一旦进入生长缓慢的休眠期，就更应该减少浇水量，控制好浇水频度。处于休眠期的多肉植物每月仅需浇水 1 次就可以了。

▲不要看到表层花土干燥后就马上浇水，要等到花盆里的花土完全干燥后才能浇水。

▲用喷头孔洞细密的喷壶全方位地给多肉植物浇水。如果土壤的排水性特别好，可浇到水从花盆底部的排水孔流出为止。

◀用这样的花盆栽种多肉植物时，首先要在花盆底部铺设一层珍珠岩或硅酸盐。浇水后，把花盆倾斜过来，倒掉里边多余的水。倒水时，不要把花土也一起倒掉。

基本养护方法 5 施肥

种养多肉植物不仅要浇水，还要适量地给它施肥。要想让多肉植物茁壮成长，就要严控每次施肥的量。

基肥是基本的营养来源

多肉植物的生长速度比普通花草要慢很多，因此，它在生长过程中也不需要太多的肥料。

最基本的肥料是搅拌在移栽用花土里的基肥。一般来说，多肉植物每隔 2 ~ 3 年就要换一次土。换土或移栽时，可以在花土里搅拌一些见效缓慢的肥料。

如移栽用土较少，或者土壤排水性较强，可以在养护时施加一些液体肥料或化肥。培育过程中，也可以给多肉植物追肥。追肥时的用肥量不要太多，达到普通花草的一半用量即可。应在多肉植物的生长期为其追肥，不要在其休眠期等生长发育迟缓的期间追肥。

肥料的主要成分

钾

钾能够促进植株的生根与发育。浇水时，花土中的钾元素也会随之流失，可以在养分不足时适当追肥。钾元素的缺失会使植株生根迟缓，严重时会导致烂根枯萎。

磷

磷对植株的开花结果起着至关重要的作用。花土中分布不均匀的磷元素会在浇水过程中逐渐流失。因此，在配制基肥时，一定要把磷元素均匀地搅拌在花土里。磷的缺失会使植株生长缓慢，也会影响花朵的美观。

氮

对于植物中的蛋白质和叶绿素，氮是必不可缺的成分。氮缺失不仅会影响植株的生长速度，还会造成叶绿素减少，引发黄叶现象。而氮元素过量则会造成植株徒长，以及抗病虫害能力的下降。花土中的氮会随浇水而流失，所以要控制浇水频度。

可在配制花土时加入基肥。由于培养土中自带肥料，用培养土栽种时不必加入基肥。追肥时，应把固体肥料撒在花盆的边缘。多肉植物所需的基肥与追肥的用肥量都应该少于正常使用量。

液体肥料

用液体肥料追肥更方便，但追肥前应稀释肥料的浓度。也可以给多肉植物施加仙人掌 · 多肉植物用的专用花肥。

基本养护方法 6 病虫害

虽然多肉植物生命力顽强，很少生病，但管理不当也会引发病虫害，影响植株的生长。

防治病虫害要尽早发现，及时处理

处理病虫害的关键在于防范。如能满足下列条件，即充足的阳光照射、干燥的土壤、适量的养分，则多肉植物的抗病能力就能得到提升，植株也会生长得很健壮。

不过，有时即便满足了上述条件，多肉植物也依然会遭到病虫害的侵扰。预防大于治疗，应在平时加强管理，做到有问题早发现、早解决。预防才是上上策。

好在多肉植物不像普通花草那样娇弱，因此它的发病率也没有普通花草那么高。可先来了解一下多肉植物常见的病虫害，再时常确认植株的健康状态，发现问题就尽早解决。

▼这是对付蚧壳虫时使用的杀虫剂。使用时，可将其洒在花土上。

▲这是蚧壳虫造成的伤害。可用牙签剔除蚧壳虫。

▲青虫以植株的茎、叶为食，发现后应立即处理掉。

主要虫害

害虫名称	特征	防治
根粉蚧壳虫	寄生在植株根部的根粉蚧壳虫是蚧壳虫的一种。它像白色粉末一样附着在根部，吸取植物的养分。藏身于土壤中的根粉蚧壳虫很难被发现，它的增多会影响植株的生长速度，对植株造成伤害	换土时应仔细检查植株的根部是否生虫，并应及时剪掉生虫的根须。也可以把根部放置在杀虫剂里浸泡一段时间，再换土栽种
蚧壳虫	分泌白色棉花状卵袋的蚧壳虫喜欢生存在干燥的环境中，并附着在叶片上吸取植物的养分。如果植物的生长点被蚧壳虫占据，那么植株将停止生长	可用牙签剔除植株上的小虫。情况严重时，可将内吸传导性杀虫剂（药剂被根、叶吸收，并在植株体内传导扩散，起到杀虫的作用）喷洒在植株的根部进行治疗
蚜虫	蚜虫会成群地附着在嫩芽和叶片的背面，吸食植株的汁液。蚜虫有很多种类，体色分为红、绿两色，体长为1～4mm。蚜虫不仅能吸食汁液,还能传播花叶病，其排泄物还能引发煤烟病	可用手或牙签剔除植株上的蚜虫。情况严重时，可将内吸传导性杀虫剂喷洒在植株的根部进行治疗

主要病害

病害名称	特征	防治
霜霉病	霜霉病是由真菌中的霜霉菌引起的植物病害。发病时植物叶片会长有白斑。情况严重时，植株上就像撒了一层面粉。霜霉菌不同于一般的霉菌，它能够在干燥的环境下存活，是多肉植物最常见的一种病害	可以全方位地给植物喷洒杀菌剂。不要只喷涂染病的部位，根部和叶片的背面也要仔细喷涂
腐败菌引发的病害	腐败菌的滋生会引发叶片枯黄、植株腐烂，气温升高时还会影响植株接受阳光的照射。这种病害多是由于环境潮湿而引起的	把植株从花盆里拔出来，把腐烂的部位剪下去。在植株的根部喷涂上杀菌剂，把植株放置在阴凉处使之休养约1周。移栽时要给植株换上清洁的新培养土

病虫害以外的常见问题

常见问题	特征	对策
叶片灼伤	多肉植物如骤然暴露在热辣阳光下，会发生叶片灼伤脱落等现象。盛夏的炎炎烈日和梅雨过后的灼热阳光，都是致使叶片枯黄灼伤的原因	可为多肉植物增设遮阳措施。休眠期或梅雨时节过后，不要立即把多肉植物暴露在阳光下，要让它有个适应阳光的过程
烂根	浇水过量、施肥过多以及根须过密导致的缺氧，都会引发植株烂根。一旦烂根，植株就会日渐衰弱，最终枯萎死亡	栽种时应选择排水性良好的土壤，适量浇水，保持土壤干燥。植株长大后，可将其移栽入大花盆里，或作分盆处理，以防根须生长过密

基本养护方法 7 冬夏的养护方法

夏季的高温潮湿与冬季的风霜严寒都会影响多肉植物的生长，要为多肉植物创造一个良好的生长环境。

当心湿热夏季的骄阳与冬季的风霜

多肉植物大多畏惧冬季的风霜和夏季的骄阳。因此，在冬季和夏季养护多肉植物时要格外小心，加倍呵护。

如前所述，多肉植物不喜欢潮湿的环境。湿热的气候会对多肉植物的生长造成很大的伤害，甚至是不可修复的永久性伤害。而这一特点在夏季为休眠期的冬型种多肉植物上体现得尤为明显。

夏季，一定不要让多肉植物曝晒在阳光下，不要让它处于闷热的环境里。

冬季的基本养护要点是不要让多肉植物遭受霜打。应在下霜之前把它转移到室内，但不要把它放在暖气旁等高温的环境下。

夏季养护要点

应在阳光直射的地方增设遮阳设施。

不要把花盆直接放在水泥地上。

- 盛夏火热的日光是叶片灼伤的原因。为使叶片免受灼伤，应采取相应的遮阳措施。
- 将多肉植物摆放在通风良好的地方，不要让它处于高温的环境下。
- 应在气温逐渐升高的清晨时分浇水。浇到水从排水孔流出来的程度即可。不要在傍晚浇水，否则会使盆内环境变得又闷又潮。
- 避免高温日光直射。

冬季养护要点

- 在寒冷的地区，应把多肉植物摆放在温室里。
- 可将耐寒性强的多肉摆放在光照充足的室外。
- 为使植株免受寒风冷雨的侵袭，可把它摆放在屋檐下，或移进室内。
- 气温降低时，应注意保持空气的干燥。
- 把花盆摆放在室内光线最好的位置。如果温度过高，植株就会徒长，所以不要把它摆放在有暖气的房间里。昼夜间巨大的温差会使叶片的颜色变得更加艳丽迷人。
- 不要让电暖气的热风直接吹在植株上。
- 晴好温暖的日子，可以把多肉植物转移到室外，使之沐浴和煦的阳光。

夜晚应将花盆摆放在临窗的位置。

天气温暖时，可把多肉植物转移到室外。

基本养护方法 8

混栽的修剪方法

多肉植物在生长过程中会出现茎叶损伤、徒长等现象。其实，这样的植株经修剪之后，依然可以恢复最初的风采。

借助多肉植物强大的再生能力造型

多肉植物的生长发育相对缓慢，养护又相对容易。一旦被主人忽视，植株就会出现叶片枯黄、徒长等各种影响株姿美观的情况。可以把徒长和有损伤的部分剪掉，从而恢复其最初的美丽姿态。

做混栽及室内花艺用的植株会由于长期日照不足，而出现徒长等现象。另外，混栽植物的品种不同，其生长速度也不一样，久而久之就会破坏作品的整体美感。出现这样的情况时，可以把多余的部分剪掉，修复混栽花艺的美感。

修剪方法

植株生长过大的修剪方法

把叶片根部连同发芽的部分一并剪掉，剪下来的枝叶可做枝插、叶插时的素材。

徒长茎的修剪方法

日照不足、浇水施肥过量都会引起植株的徒长。可以把徒长的部分剪掉，使之恢复初时的美感。

修剪前

修剪后

枯叶的修剪方法

出现这种情况的原因可能是烂根和叶片灼伤。可以把有损伤的叶片直接剪掉。

基本养护方法 9 育苗方法

多肉植物有较强的繁育能力，除了分株法，枝插法和叶插法也是简单实用的育苗方法。

育苗要选择处于生长期的多肉植物

您在养育多肉植物时也许会发现，那些掉落在花土里的叶片也能生根发芽，长成新的植株，有些品种还会从茎上长出新的根须。

多肉植物原本生活在严苛的自然环境里，为了生存繁衍，它们就进化出了这种繁育方式。

鉴于多肉植物具有极强的繁育能力，所以新手也可以轻松地培育新苗，体验种植的乐趣。

可在多肉植物繁殖力旺盛的生长期用分株法、枝插法、叶插法等方法培育新苗。要等到新花苗生根之后才可以给它浇水，一定要保持土壤干燥。

分株法

1 植株增多后，可将多余的植株连根挖起，分种在新的花盆里。

2 选定可以分株的位置，要保证每棵植株根部都带有土坨。

3 用镊子从分界处把两棵植株分开，如发现有受伤的根须，可趁机剪掉。

4 在花盆中加入培养土，把分出来的植株移栽进去。此后的 7 ~ 10 天内应严控浇水量，保持土壤干燥。

叶插法

1 选择枝繁叶茂的植株。

2 用手或镊子把叶片从根部一枚一枚地摘下来。

3 摘取叶片时，把母株弯向一旁，这样会更容易摘取到叶片。

4 把摘下来的叶片等距插入花土（注：不要插得太深）。育苗应选择干燥的土壤。

5 把叶片全部插入花土之后，每隔 7 ~ 10 天浇一次水。水不要浇得太多，要保持土壤干燥。

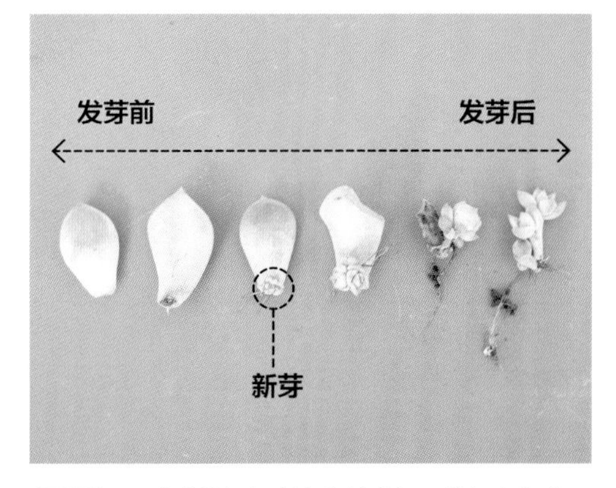

6 叶片的根部会渐渐地生根，并长出新芽。生了根的植株就可以移栽到花盆里了。移栽时，务必将嫩芽连根挖起，再移植到新的土壤里。

枝插法

1 选取枝插时用的茎。可以用给植株修剪造型时剪下来的茎或徒长枝做枝插的备用材料。

2 剪一段长短适中的枝做母株。

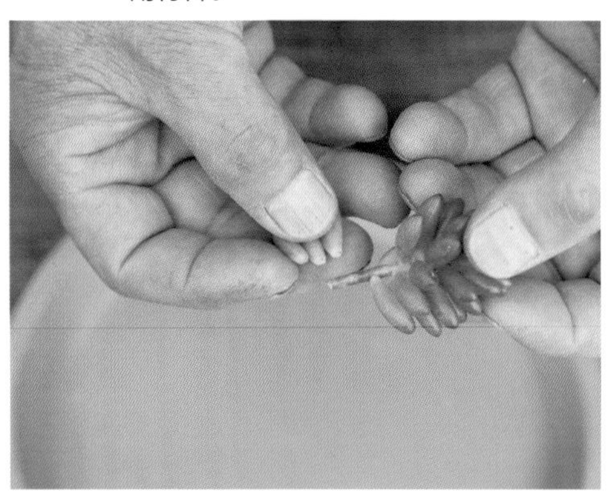

3 为方便扦插，可以把茬口附近的叶片摘下来一些。

4 使每棵母株的入土部分保持在1cm左右。

5 把母株插入提前准备好的干燥的土壤里。

6 每隔 7 ~ 10 天浇一次水，水不要浇得太多，要保持土壤干燥。

基本养护方法 10 基本工具和器材

养护多肉植物并不需要太多的工具和器材，准备一些基本的修剪工具和器材就足够了。

基本工具

剪刀

修剪有损伤的茎叶时会用到剪刀。剪刀可以修剪叶片的顶端及植株里侧不容易触碰到的部位，使用起来非常方便。

培土·移栽用的铲子

向花盆和花器中加土时使用的工具。多肉植物大多都被栽种在小巧的花盆里，所以用小型的铲子更方便。可根据花盆的尺寸大小，多准备几种型号的铲子。也可以用汤勺代替。

镊子

可在摘取有损伤的叶片和栽种矮小的新苗时使用。镊子分为尖头和弯头两种。可根据具体情况选用不同规格的镊子。

托水盘

托水盘除了能够承接从花盆里流淌出来的水，还可以在移栽和换土时承载植株。可以多准备些大小不一的托水盘。

喷壶

浇水工具。要全方位地给多肉植物浇水，可选择孔洞细密的喷头。

栽培容器

瓦盆、铁盒等材质的容器均可用来做花盆。如果容器底部没有排水孔，可先钻一个孔再使用。

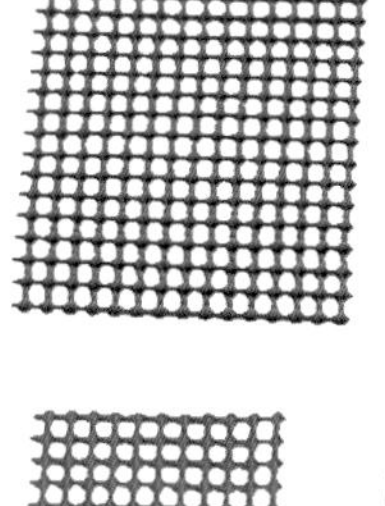

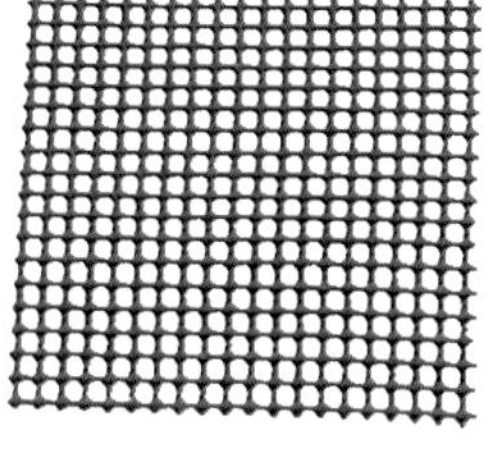

铁丝网

阻止花土从排水孔泄出来的用具。可根据排水孔的大小剪裁铁丝网的尺寸。

培养土

除了多肉植物专用的仙人掌·多肉植物培养土，还可以选用以赤玉土、鹿沼土为主，加少量轻石配制而成的改良土。可先将基肥加入土壤，搅拌均匀后使用。

水苔

做水苔基座时使用的素材。可用金属网造型，牢牢固定住包裹在里边的培养土。

Part 2

多肉植物的混栽与花艺设计

多肉植物可以栽种到各种容器中，也可以用来做花艺。若栽种在水苔基座上，多肉植物就能摆脱传统花盆的束缚，变幻出各种美轮美奂的形态。本章将为您介绍混栽方法和花艺设计方法，您可以以此为参考，充分发挥想象力与创造力，创作出更加美妙的作品！

享受混栽带来的乐趣

多肉植物不仅可以保守地栽种在花盆里，还可以以混栽的形式栽种在浪木、朽木及废旧的木板上。这些老朽不堪的木料刚好能把混栽的多肉植物衬托得“光彩照人”。

多肉植物最适合栽种在古旧的素材上

多肉植物的混栽在于各种素材叶形的组合和叶色的搭配。由于它们不像普通花草那样艳丽，栽种在任何容器里都很好看。所以，如果把多肉植物栽种在自然素材、生锈的铁盒铜罐、废旧木料等“暮气沉沉”的花器里，那么多肉植物的魅力就能更好地被这些老物件衬托出来。

白木通藤条、树枝等素材虽然在建材市场也能买到，但可供选择的范围较小。如果条件允许，最好亲自进山采集。不过，采集之前别忘了事先征得山地主人的许可。

另外，由于多肉植物生长速度缓慢，植株低矮，所以花器的体积不宜过大。有色花器或色彩艳丽的花盆也可以把多肉植物衬托得很美丽。

最适合栽种的古旧素材

树根 · 树枝

选取干燥的树根或折断的树枝，冲洗掉表层的灰尘与泥土，再将其阴干。保存时不要被雨淋湿。给这些朽木刷上水彩，它们就变成了“可塑之才”。

白木通藤条

用阴干的方式除去藤条中的水分，并将其保存在不易被雨淋到的地方。使用前先把它浸泡在水里一个晚上，这样藤条就会变得很柔软，便于造型。要选取 10 月下旬至 11 月之间的藤条做素材，因为那时的藤条表皮比较干净，易于打理。

废旧的木板

先除去木板上的钉子与污垢，再阴干保存。材质较新鲜的木板在地面搁置几年之后，就能变成做多肉混栽的理想素材了。

用水性涂料着色

着色时应选用水性涂料，油性涂料会影响多肉植物的生长。

※ 采集素材时一定要征求山林主人的意见，对方允许后才可以收集。

制作排水孔

选用底部没有排水孔的容器做花盆时，可先用钉子在容器底部钻一个排水孔。

选用普通器皿做花盆时，要先钻一个排水孔

成长速度缓慢的多肉植物只要在有土的容器里就能生长得很好。

栽种时，可用传统的瓦盆做花器，也可以用铁盒、小药箱等容器做花器。

由于铁盒等容器的底部没有排水孔，用它们做花器时，可事先在容器底部用钉子钻出一个排水孔。如果容器体积较大，也可以多钻几个排水孔。用陶瓷容器或玻璃杯做花器时，可在容器底部加入防腐剂，以防植株烂根。

可直接用市场上出售的器皿做花盆，也可以动手加工一番，把它改造成自己喜欢的样子。比如给容器着色，或用砂纸蹭掉容器表面的油漆，使之生锈。通过做旧处理，可让容器更好地衬托出多肉植物的魅力。

钻排水孔的方法

1 准备一个小铁盒。铁盒不是花盆，要先在铁盒底部钻出一个排水孔。

2 把铁盒放在木板上，用钉子穿透其底部的中心位置。

3 拔出钉子。

4 把排水孔周围的木屑清理干净，再用锤子敲平凸起的部位。

用白木通藤条造型

很多藤条都可以用来做花器。其中，白木通的藤条又结实又便于加工，是首选素材。

使用前先在水里泡一泡

白木通生长在山林里的向阳处，是藤本植物，可食用。

白木通的藤条又结实又便于加工，是制作花环的好素材。市场上虽然也出售园艺用藤条，但可选性较小。如您家附近就有生长着白木通的山林，可在得到山林主人的许可后，进山采集。

把采集来的藤条弯成圆环，再摆放在阴凉处阴干。水分蒸发后，藤条就变硬了。使用前，可先把藤条浸在水里一晚，使之变得柔软有韧性。

应在 10 月下旬至 11 月进山取材，这时藤条的表皮很干净，易于打理。而 3 ~ 10 月是白木通的生长期，这期间的白木通藤条晾干后易断裂、生虫。藤条接近地面的部位又粗又硬，末端又细又软，很适合做花器。取材时可带上一把能够剪到高处枝条的剪子。

白木通藤条的保存方法与使用方法

保存方法

把藤条弯成圆环，不要让它被雨淋湿，放置在阴凉处阴干。几年之后，藤条的表皮会出现裂痕。

使用方法

使用前，要先在头天晚上把藤条浸泡在水中。浸泡后的藤条就会变得和刚采集时一样柔软，非常便于造型加工。

制作藤条环

1 根据需要取材，把藤条弯成一个圆环。

2 把多余的部分继续环绕起来。

3 仔细观察圆环是否规整，把走形的部位调整过来。

4 在圆环之间拉出一条斜边。

5 扎好藤条环之后，在藤条重合的部分固定上水苔基座。

6 可用铁丝做挂钩，把藤条环悬挂起来。

制作铜花器

铜片在受热之后可以加工成各种形状。铜花器用的时间越久，就越有味道。

不怕失败，有错就改

色泽古朴的铜器非常适合栽种多肉植物。可在建材市场购买制作花器用的铜片。

受热后的铜片会变得非常柔软，易于加工。造型过程中，铜片会逐渐变硬。如果第一次加工感觉很吃力，就再加热一次。二次加热后的铜片就可以自由地塑造成各种形状了。

可根据需要剪裁铜片的大小。用燃气炉或喷烧器给铜片加热。等铜片表层呈黑色时，就停止加热。加热时小心烫伤，在铜片冷却下来之前，不要用手直接触摸它。温度降下来之后才可以造型。铜片会随弯折次数增多而逐渐变硬。加工失败也不要紧，再次给铜片加热就可以了。

让铜片受热变软

1 根据需要剪裁铜片。剪裁时小心被铜片的切口划伤手。

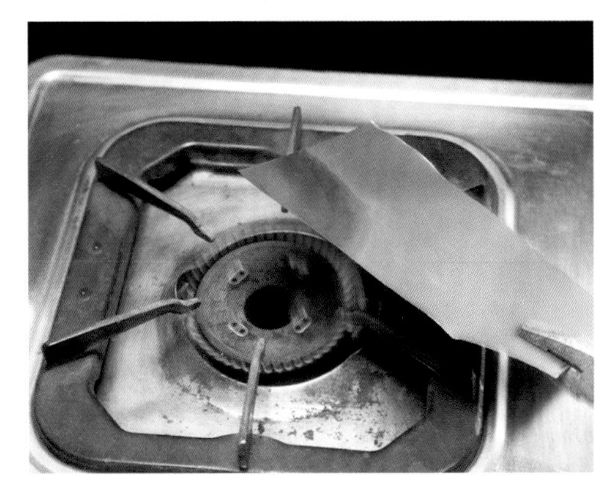

2 用燃气炉、喷烧器加热铜片，小心烫伤。

3 铜片的表面变黑后，要等它冷却下来才可以用手触摸。

4 把表面的黑灰擦掉。这种状态下的铜片可加工成任何形状。

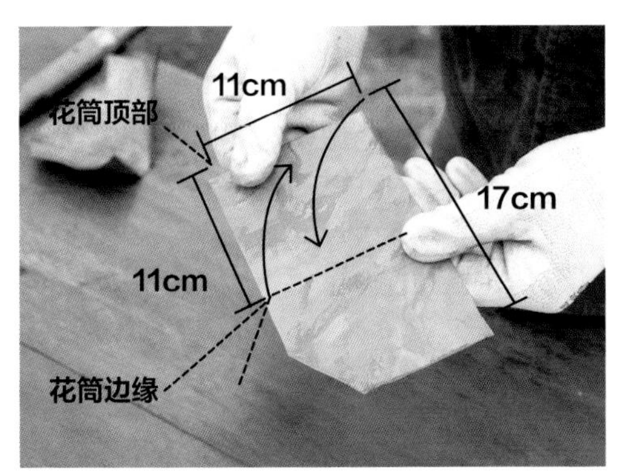

1 把铜片斜剪掉一个角。操作时小心剪到手。

2 把铜片由一端开始向内侧弯卷，卷成筒状。

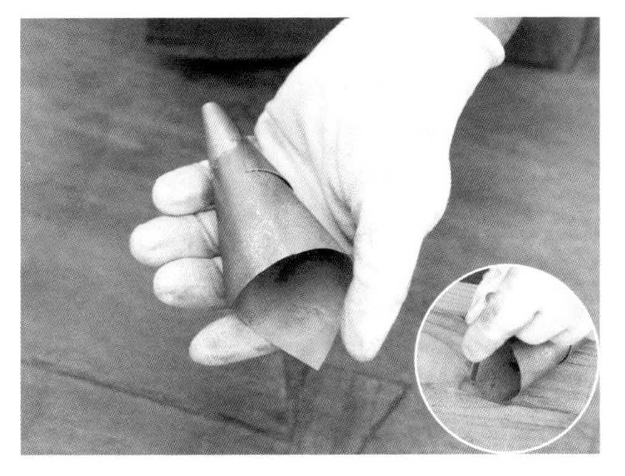

3 用钉子在花筒上方的铜片处钻一个孔，以便于悬挂。

1 剪一片直径为 10cm 的圆形铜片。用钳子将铜片的边缘向上弯折。

2 折成圆盘的形状。如果造型不理想，就再次加热，重新加工。

3 用钉子在圆盘底部钻一个排水孔，花盘就做好了。

水苔基座的制作方法

水苔基座具有极强的可塑性，是多肉植物混栽时必不可缺的素材。

用铁丝网、水苔、培养土制作圆环形基座

水苔基座是多肉植物安插在水苔上的平台。可用铁丝网、水苔和培养土制作环状基座。此外，水苔还可以捏造成条状、球状等形状，是做花艺的必备素材。

条状基座是水苔基座的基本造型。制作时，可根据需要剪裁铁丝网的大小，在铁丝网上铺上水苔，再在水苔上撒上培养土，像包寿司卷一样地把这些素材卷起来。最后把两端的铁丝网折向内侧，把多余的水苔剪掉。

除了普通水苔，市场上还出售有色水苔和人工水苔等素材。它们的使用方法和普通水苔是一样的。不过，素材的变化也会影响花器风格的变化。要选择材质柔软的铁丝网，这样的铁丝网易于造型，加工起来也更容易。

水苔基座的制作方法（条状）

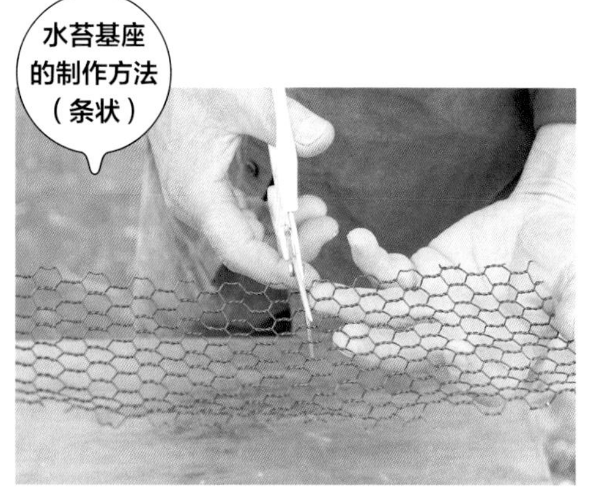

1 剪一段边长为 15cm 的铁丝网，可根据需要调整大小。

2 在铁丝网上均匀地铺一层水苔。

3 在水苔上撒上一层培养土。接近两端的部位不要加土。

4 用铁丝网把水苔和培养土包裹起来，紧紧地卷成一个卷，做成条状。

5 把铁丝网的两端折向内侧，以免里边的水苔和培养土滑落出来。

6 用铁丝把铁丝网的两端封起来。

7 剪掉多余的铁丝，把剩下的铁丝拧紧，牢牢地固定住铁丝网的两端。

8 用剪刀剪掉从金属网里溢出来的水苔。

9 至此，条状水苔基座就做好了。可以在基座上栽种多肉植物，也可以把它变成其他形状。

10 如果把几个条状水苔基座拼接起来，就能做成一个圆环。

主题 1

混栽三姐妹

给小瓦盆刷上鲜艳的颜色，再在盆内混栽上形态各异的多肉植物。摆在窗台，点缀生活。

所需素材

❶ 直径 8cm、高 6.5cm 的花盆 3 个（2 盆着色，1 盆原色）
❷ 铁丝网
❸ 栽培土
❹ 虹之玉 B 类
❺ 锦乙女 B 类
❻ 花月 B 类
❼ 粉色回忆 A 类
❽ 白牡丹 A 类
❾ 虹之玉锦 B 类
❿ 熊童子锦 A 类
⓫ 白兔耳 A 类

混栽要点

- 把小花盆 3 个一组地摆放在一起。
- 为使花盆充满灵气，可以给它刷上水彩涂料。
- 花盆的颜色要与植株的体色保持协调。

制作方法

1 把白兔耳从盆中取出，移栽时不要破坏植株根部的土坨。

2 把花苗移栽到绿色的花盆里。植株颜色应与花盆颜色保持协调。

3 把熊童子锦从盆中取出，移栽到橙色花盆，移栽时不要破坏植株根部的土坨。

4 把混栽用素材从母株枝头上剪下来。由于花盆体积小，剪取下来的素材也不宜过长。

5 把剪下来的素材插进新的花盆里。为保持花盆的平衡，不要让植入的素材过高。

6 栽好后就完成了。为提升美感，可把混栽盆摆放在中间。

主题 2

同盆混栽

在一只花盆内混栽多种素材，做多肉拼盘。在图片中的花盆里栽种上叶片为白色系的多肉植物，提升整体效果。

所需素材

❶ 培养土
❷ 直径 9.5cm、高 10cm 的花盆 1个（着色）
❸ 铁丝网
❹ 福娘 B 类
❺ 紫蛮刀 B 类
❻ 箭叶菊 B 类

混栽要点

- 把着色后的花盆放在室外一段时间，让花盆上的水彩脱落一部分。
- 利用茎叶展现盆栽的动态美。

制作方法

1 从母株上剪取一段枝叶。由于枝条的下端要插入培养土中，所以应把枝条剪得长一些。

2 在排水孔上方铺设铁丝网，填土至花盆边缘。

3 为方便种植，可以把紫蛮刀枝条下方的叶片摘下来 2 ~ 3 枚。

4 用同样的方法把箭叶菊栽种在紫蛮刀旁边。

5 在花盆边缘栽种上相对低矮的福娘。把箭叶菊向外侧调整。

6 栽种时要考虑色彩的搭配与和谐，把花冠的方向调整好就完成了。

主题 3

广口花盆的混栽

可以在上色后的广口瓦盆内做混栽。这种花盆很敦实，栽种时可选用植株高大的多肉植物做素材。

所需素材

❶ 直径 20cm、高 15cm 的花盆 1个（着色）
❷ 栽培土
❸ 铁丝网
❹ 福娘 B 类
❺ 筒叶花 B 类
❻ 朱莲 A 类
❼ 若绿 B 类
❽ 小玉珠帘 C 类

混栽要点

- 为使整体比例协调，可为宽大的广口花盆配上体形高大的多肉植物。
- 把瓦盆刷成白色，再在白色的底色上绘制网状花纹。

制作方法

1 在排水孔上方铺设铁丝网，填土至花盆高度的1/3 处即可。

2 移取素材时不要破坏植株根部的土坨。把根部的苔藓和枯叶清理掉。

3 让小玉珠帘的枝条垂挂在花盆外边。把土坨的高度调整到与花盆边缘等高即可。

4 用同样方法把其他素材也移栽过来。移栽时要考虑色彩的搭配，不要让颜色相近的素材挨在一起。

5 在各素材的土坨之间添加花土。轻拍花盆，使花土分布均匀。

6 填好花土就完工了。如果觉得素材过高影响整体效果，可剪掉一部分枝叶，调整素材的高度。

主题 4

大盆混栽

选取四种体形高大的多肉植物做混栽素材。再给素材配上体积大一点的花盆，并给花盆刷上柔和的颜色。

所需素材

❶ 直径 20cm、高 14.5cm 的花盆 1 个（着色）
❷ 培养土
❸ 铁丝网
❹ 泡沫塑料
❺ 霜之鹤 B 类
❻ 仙女之舞 B 类
❼ 玫叶兔耳 B 类
❽ 花月锦 B 类

混栽要点

- 体形高大的素材本就很显眼，一定要给花盆刷上低调的颜色，以免喧宾夺主。
- 2 ~ 3 年之后，应把长高的多肉植物移栽到体积相对较大的花盆里。

制作方法

1 在排水孔上方铺设铁丝网和泡沫塑料，再加入培养土。泡沫可以改善盆内的排水性和透气性。

2 移栽时不要破坏植株根部的土坨。把根部的苔藓和枯叶清理掉。

3 先栽种花月锦。植株土坨的高度与花盆边缘等高即可。调整花土的分布，不要种得太深。

4 用同样方法移栽其他素材。移栽时要考虑各素材的位置，保持整体结构和谐。

5 在各素材的土坨之间添加花土。轻拍花盆，使花土分布均匀。

6 填土后，把植株的枯叶剪掉就完成了。

主题 5

白木通花环

这是用白木通藤条制作的花环。由于个性的花环风头占尽，多肉植物在这里就只能以装饰性的配角身份登场了。

所需素材

❶ 1 根白木通藤条环（藤条环的制作方法见第 49 页）
❷ 若绿 B 类
❸ 火祭 B 类
❹ 虹之玉锦 B 类
❺ 虹之玉 B 类

混栽要点

- 用耐寒多肉做素材，这样全年都可以欣赏。但不要让花环淋到雨，可把它悬挂在房檐下。
- 用颜色对比鲜明的火祭和若绿做素材，华丽美艳。

制作方法

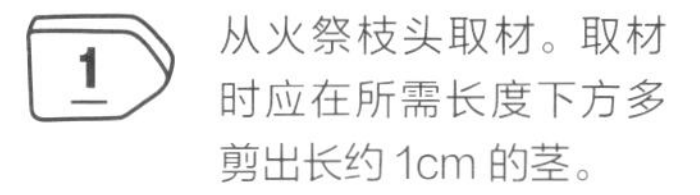

1 从火祭枝头取材。取材时应在所需长度下方多剪出长约 1cm 的茎。

2 把茎下方 1cm 处的叶片摘取下来，以便插入水苔基座。

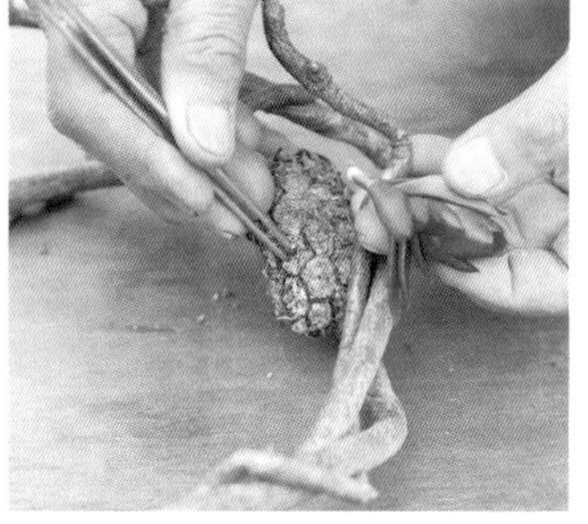

3 用镊子在水苔基座上掏个洞。如果茎比较粗，可以用剪刀戳个洞出来。

4 把花茎深深地插入基座，固定稳妥。再多插一些火祭，直到把基座完全遮住为止。

5 把火祭密实地插在一起，这样火祭部分就完工了。如此造型可让素材更牢地固定在基座上，可马上悬挂起来做装饰。

转下页

6 接下来处理若绿部分的混栽。从母株上剪一段长约 7cm 的枝条下来，注意这段长度包含了插入水苔基座的部分在内。

7 用镊子在基座上掏个洞。由于若绿的枝叶很细，所以只掏一个小洞就可以了。

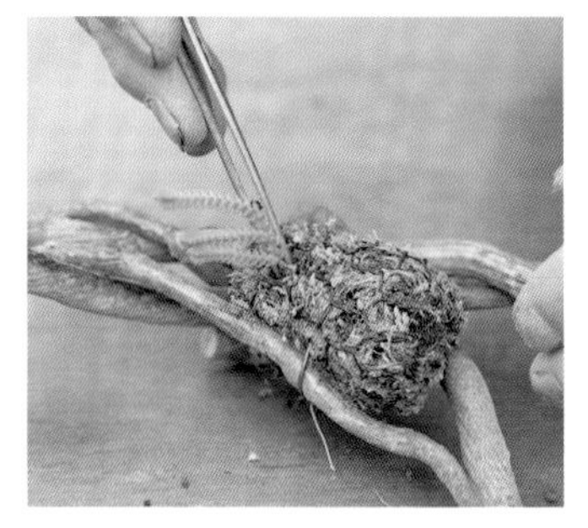

8 把枝条深深地插入基座的洞中。如果洞口过大，可以在一个孔洞内多栽种几枝若绿。

9 把若绿密集地栽好后，花环就做好了。

10 再做一个花环。这次把虹之玉锦和若绿从枝头上各剪取 5cm 下来。

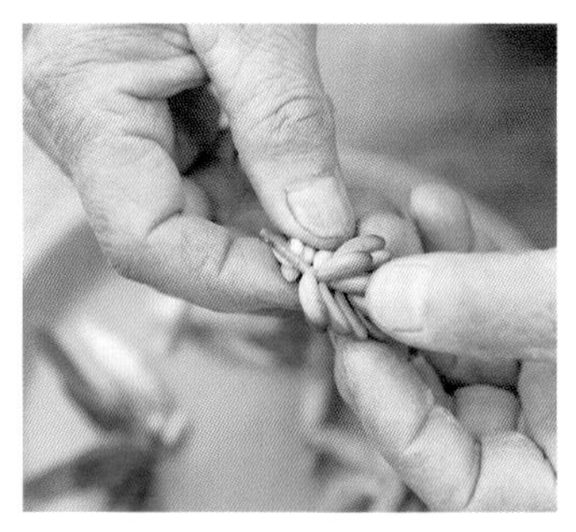

11 把虹之玉锦下方的叶片摘下来几枚，以便插入水苔基座。

12 栽种时要考虑色彩的搭配与整体的协调性。第二个花环就做好了。

13 由于素材栽种得比较牢固，故做好后马上就可以悬挂起来。

藤条环的制作方法

图解

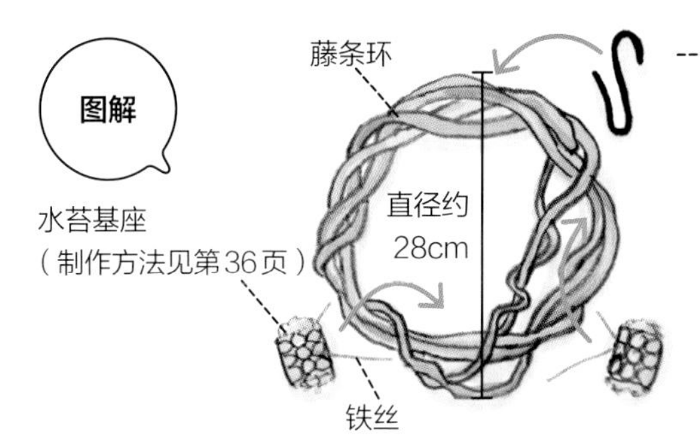

把比铅笔粗一些的藤条编在一起。这样即使不用铁丝，也能把藤条固定得很好。

制作要点

- 如果藤条很硬，可以先将其在水中浸泡一晚再使用。
- 不要把两处水苔基座固定在对称的位置。

制作步骤

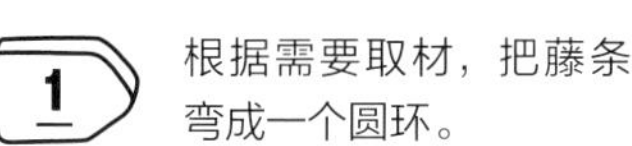

1 根据需要取材，把藤条弯成一个圆环。

2 把余下的部分以螺旋状环绕2～3圈。

3 把铁丝固定在藤条环顶端，再把上方的铁丝弯折成钩。

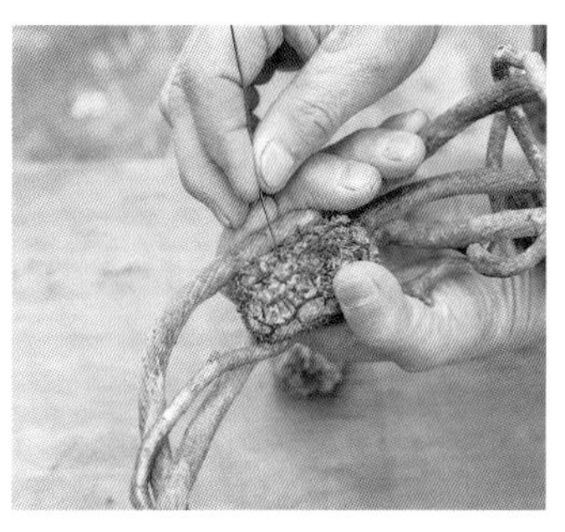

4 把水苔基座安放在藤条环上，用铁丝穿过基座。

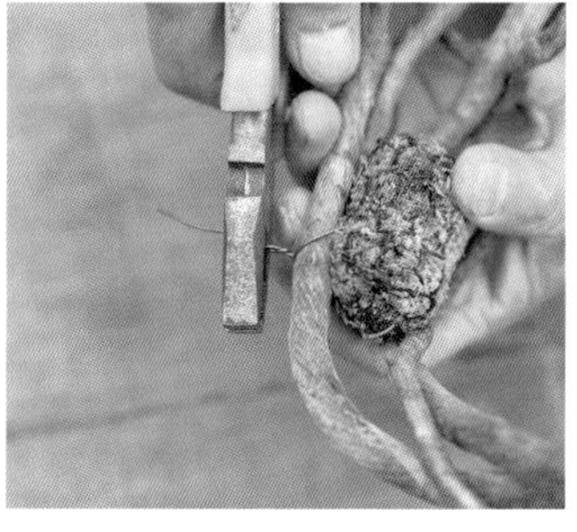

5 用铁丝把水苔基座固定在藤条上，拧紧铁丝，再把多余的部分剪掉。生长起来的多肉植物会把基座遮挡起来，所以基座可以固定在藤条环上的任何位置。

6 至此，藤条环的制作就完成了。藤条环扎得松散一点也没关系，可以给人一种自然朴实之感。

主题 6

藤条壁挂

这是用白木通的藤条制作的艺术品。曲折有致的藤条在造型时更容易体现出艺术之美。

所需素材

❶ 白木通藤条壁挂（制作方法见第 53 页）
❷ 培养土
❸ 小玉珠帘 C 类
❹ 一种伽蓝菜属多肉植物 B 类
❺ 花筏 A 类

混栽要点

- 选用直径较粗的藤条。铜花筒的制作方法见第 35 页。
- 应在上方花筒栽种下垂生长型的多肉植物，这样会使壁挂看上去非常飘逸灵秀。

制作方法

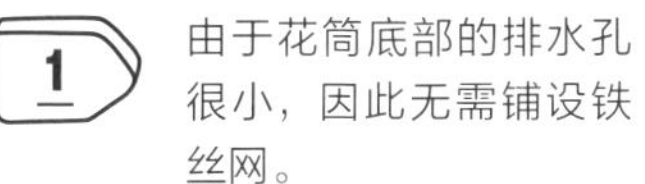

1 由于花筒底部的排水孔很小，因此无需铺设铁丝网。

2 把培养土添加到距花筒边缘 1cm 处，不要让培养土显露出来。

3 剪下一段长约 7cm 的小玉珠帘。不要剪得太长，否则枝条会被肥厚的叶片从花筒中拽下来。

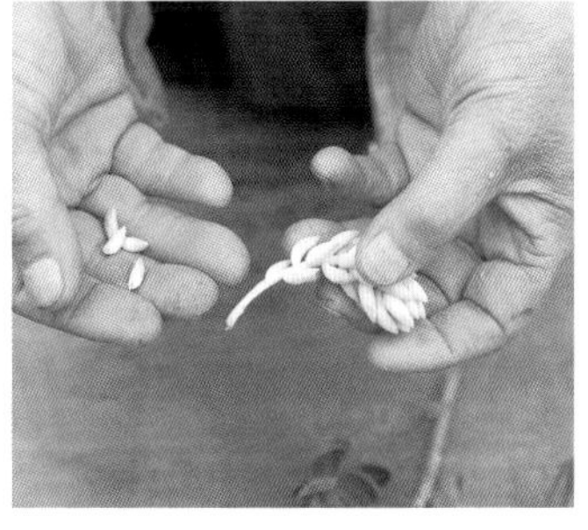

4 将植入培养土的茎长保留在 2cm 左右，并摘下茎上的叶片。

5 用镊子把枝条栽种进培养土，固定好。

转下页

6 用同样的方法多栽种一些枝条，使其完全遮盖住培养土。这样，上方的花筒就完成了。

7 接下来把开花的花筏从枝头剪下来一节。剪取时要多留一段茎出来。

8 剪一段伽蓝菜，枝条要尽量剪得长一些。也可以用碧绿珊瑚苇代替。

9 把花筏插入培养土，结结实实地固定好。

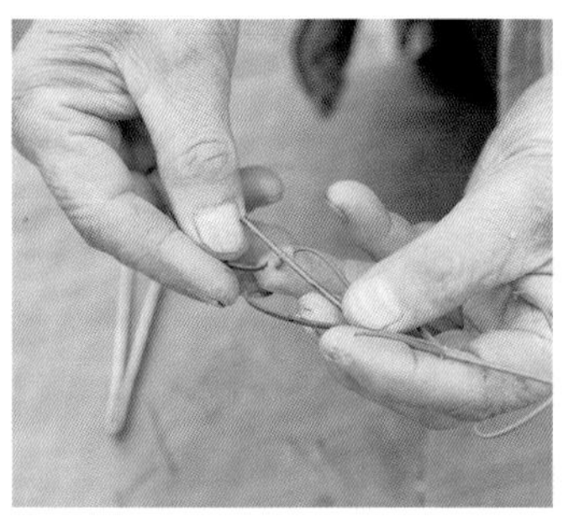

10 将伽蓝菜枝条下方 2 ~ 3cm 处的叶片摘下来。

11 在花筏周围栽种伽蓝菜。

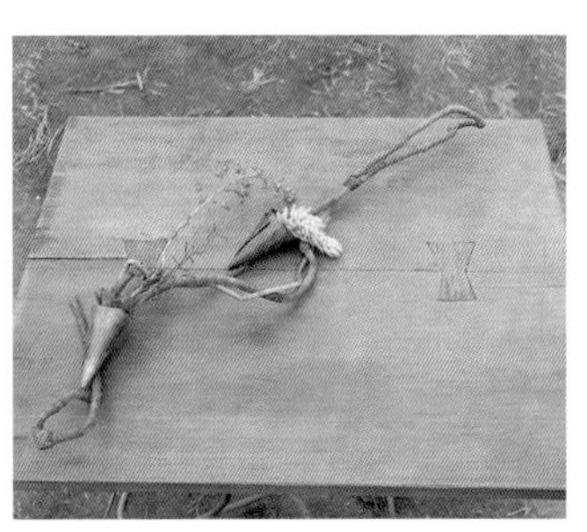

12 壁挂这就完成了。可以给壁挂安装一枚铁钩。

13 等花筒里的素材生根后，再把它挂起来装饰房间。

壁挂的制作方法

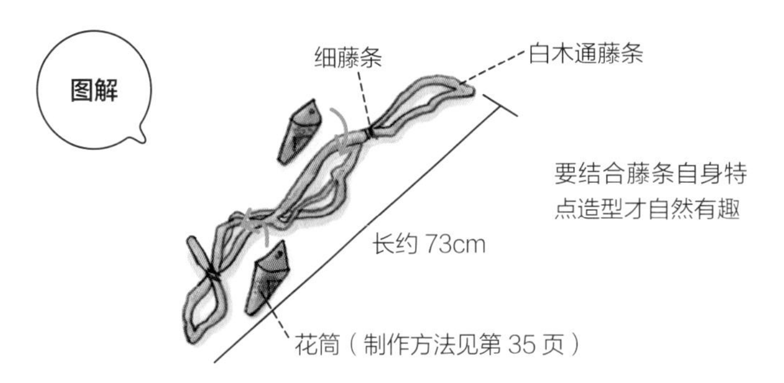

制作要点

- 选用曲折有致的粗藤条，根据藤条的曲线造型。
- 把藤条细瘦的末端缠绕在主干上，再用钉子把它固定住。

1 测量藤条长度，结合藤条的特点造型。

2 用铁丝把细藤条绑在一起，余下来的铁丝头可以插入藤条连接处的缝隙中。

3 为方便悬挂，可在壁挂上方装一枚铁钩。

4 在花筒上方穿入一根铁丝，固定花筒。

5 用铁丝绑一粒小石子置于花筒底部的排水孔处。

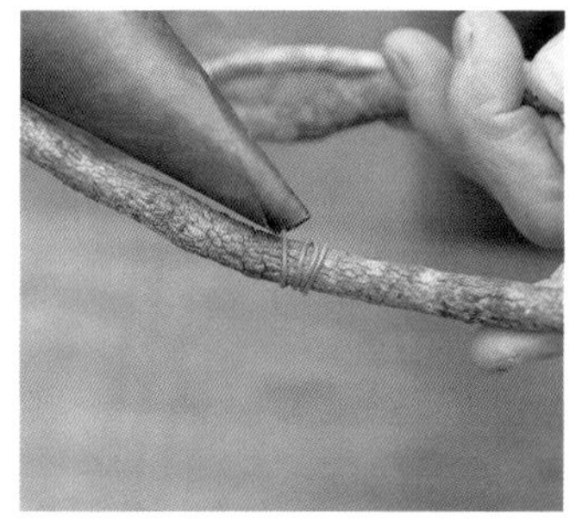

6 把从排水孔中穿出来的铁丝缠绕在藤条上，固定花筒即可。

主题 7

树梯花架

在树梯花架上点缀上铜花筒。可用下垂生长型 C 类多肉植物装饰细长的树梯花架。

所需素材

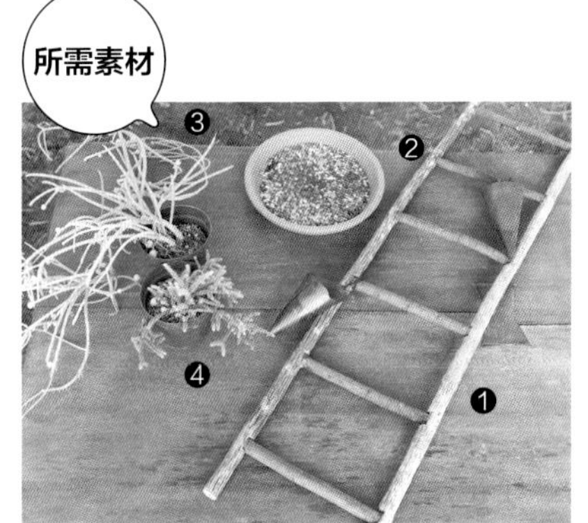

❶ 高 80cm、宽 15cm 的树梯花架 1 个（铜花筒的制作方法见第 35 页）
❷ 培养土
❸ 碧绿珊瑚苇 C 类
❹ 朝之霜（髭赤苇）C 类

混栽要点

- 在花筒中栽种下垂生长型的多肉植物，并在两个花筒里栽种不同品种，以体现花艺的变化多姿。
- 制作树梯花架应尽量选用笔直细长的木料。

制作方法

1 在花筒内加入培养土。由于筒底的排水孔很小，所以不用在其上方铺设铁丝网。

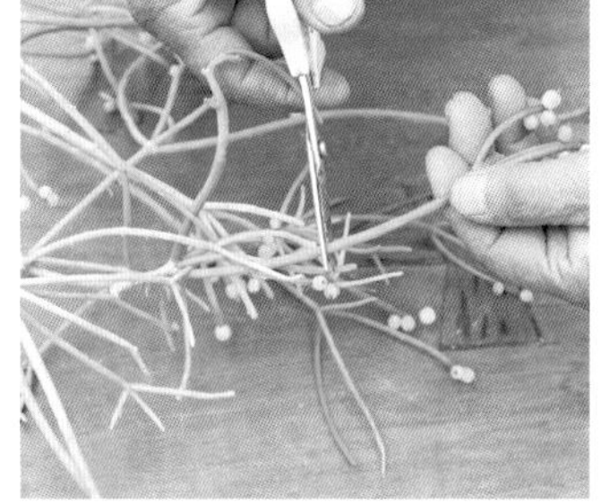

2 把碧绿珊瑚苇的枝条长长地剪取下来。为追求变化，剪取的枝条可以长短不一。

3 把碧绿珊瑚苇的枝条密集地植入花筒，栽种时要注意枝条的朝向。

4 再剪下几枝朝之霜。

5 用同样的方法把朝之霜的枝条栽种进下方的花筒。栽种时需注意枝条的朝向。

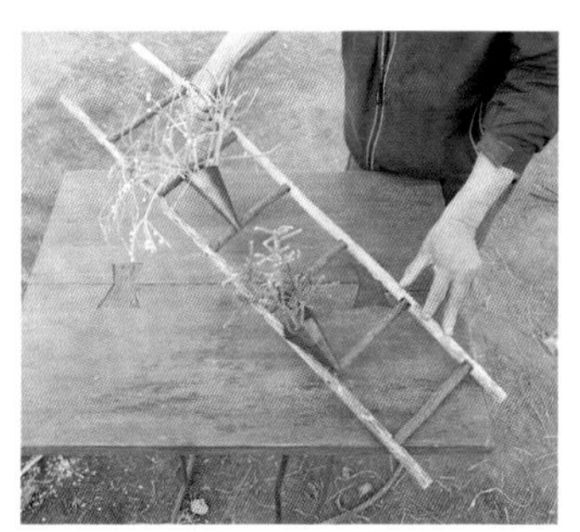

6 把枝条的朝向调整好，使花架整体造型美观协调。

主题 8

混栽花盘

剪下一片圆形铜片，把它的边缘向上弯折，做成一个铜花盘。在花形花盘内满满地栽种一盘笑靥如花的多肉植物，花篮般的多肉拼盘就做好了。

所需素材

❶ 直径 17cm、高 6cm 的铜花盘 1个
❷ 培养土
❸ 铁丝网
❹ 黄丽 A 类
❺ 小玉珠帘 C 类
❻ 夕映爱 B 类
❼ 高砂之翁 A 类
❽ 胧月 A 类

混栽要点

- 从花盘边缘垂下来的素材要与花盘协调，在美观的基础上保持整体性。
- 将花盘边缘顶部向内侧弯折，以免割伤手，再在花盘底部钻一个排水孔。

制作方法

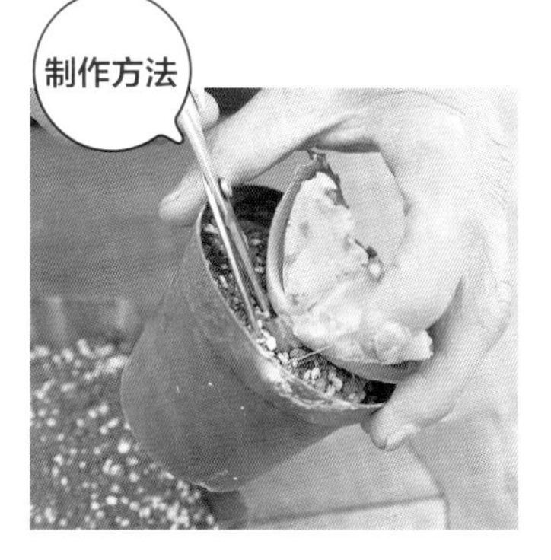

1 先把所需素材全部剪取下来。

2 小玉珠帘枝条不必剪得过长，只需使其从花盘中稍稍垂出来一点即可。

3 在花盘底部的排水孔上铺设一层铁丝网。往花盘内添加培养土至距花盘边缘约 1cm 的位置。

4 把叶片如同绽放的花朵般的素材摆放在花盘的中心。为便于栽种，可把素材下方的叶片摘取下来。

5 把黄丽和小玉珠帘等素材下方的叶片摘取下来，栽种在花盘的边缘。

6 至此，花盘就做好了。多肉植物的美从花盘中心向四周蔓延开来，五彩缤纷、生机勃勃。

主题 9

混栽花筐

铜花器质地越古旧就越有味道，它能很好地衬托出多肉植物的俏皮与活泼。悬挂在半空的铜花筐最适合栽种下垂生长型的多肉植物。把花筐悬挂在抬眼可见的位置就可以了。

所需素材

❶ 高 21cm、长 13cm、宽 9.5cm 的铜花筐 1 个
❷ 培养土
❸ 锦乙女 B 类
❹ 雅乐之舞 C 类
❺ 碧绿珊瑚苇 C 类

混栽要点

- 选材要统一，可选择浅色系下垂生长型的多肉植物做素材。
- 制作花筐时，底部向内侧弯折，背面钉上钉子，上方穿入铜挂链。

制作方法

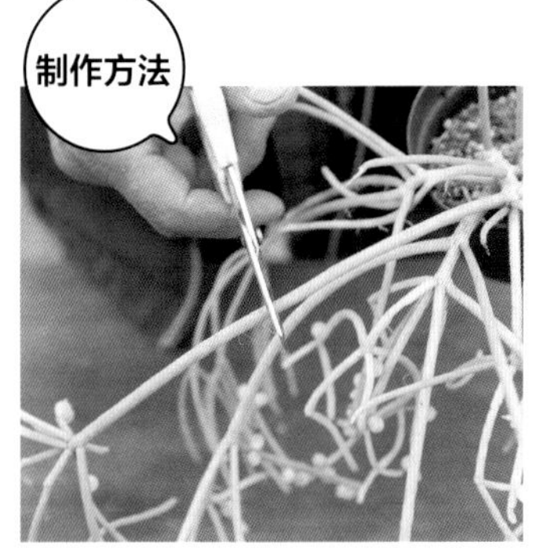

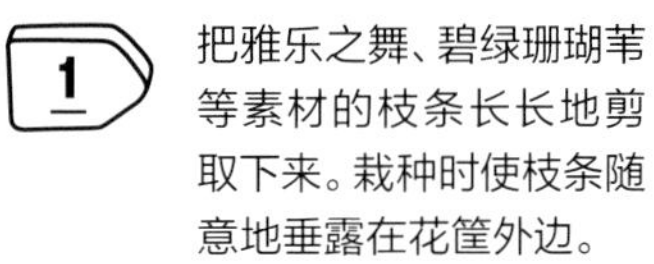

1 把雅乐之舞、碧绿珊瑚苇等素材的枝条长长地剪取下来。栽种时使枝条随意地垂露在花筐外边。

2 为保证栽种在花筐里的锦乙女能被看到，取材时应选取高挑修长的枝条。

3 把培养土添加到距花盆边缘约 1cm 的位置。

4 把碧绿珊瑚苇栽种在花筐的中间，雅乐之舞栽种在花筐的边缘。

5 把锦乙女栽种到碧绿珊瑚苇之间的缝隙中。

6 作品完成。淡黄色和嫩粉色的叶片形态各异，把古旧的铜花筐装点得俏皮靓丽、妙趣横生。

主题 10

混栽罐头

给罐头盒刷双层漆，再用砂纸蹭掉一部分，罐头盒就会变身成一个颇有年代感、历史感的“古董”。绚丽多姿的多肉植物就像从罐头盒里喷射出来的焰火一样，使整件作品看上去熠熠生辉、动感十足。

所需素材

❶ 罐头盒 1 个（着色，制作方法见第 63 页）
❷ 培养土
❸ 铁丝网
❹ 虹之玉锦 B 类
❺ 薄雪万年草 C 类

混栽要点

- 素材的颜色要与罐头盒的颜色保持协调。
- 给罐头盒刷双层涂料，再用砂纸轻轻地蹭掉表层的涂料就能显现出橙色的底层。

制作方法

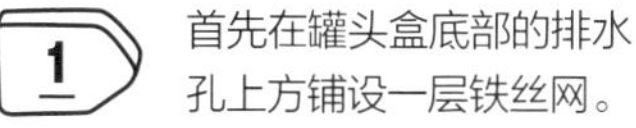

1 首先在罐头盒底部的排水孔上方铺设一层铁丝网。

2 把培养土添加到罐头盒高度的 1 / 3 处。

3 把素材从旧盆中移出。选材时应选取枝繁叶茂的植株。

4 如果植株根部的土坨较大，可在不伤及根须的前提下扫去多余的土。

5 先栽种虹之玉锦。栽种时要使虹之玉锦美丽的叶片显露在罐头盒外边，可适当调整盒内的花土。

转下页

6 随后，用培养土填充罐头盒内的空隙。

7 轻拍花土，使之在罐头盒内分布均匀。

8 把花土表层按压平整。

9 剪取一些长 3 ~ 5cm 的薄雪万年草。

10 用镊子把薄雪万年草的枝条植入罐头盒中。

11 可以多栽种一些薄雪万年草，以遮住罐头盒内的花土。

12 在罐头盒边缘栽种薄雪万年草，并使其柔软青翠的枝条垂挂下来。栽种时应将素材的下方深埋在花土中，以免素材脱落。

13 混栽做好了。薄雪万年草遮住了花器的边缘，使作品看上去浑然天成、完美自然。

罐头盒的着色方法

图解

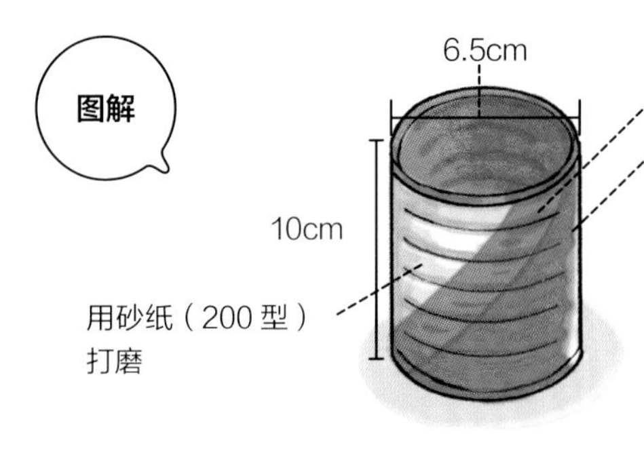

橙色涂料

蓝色涂料

着色要选用水性涂料。待涂料完全干好后，再用砂纸蹭出橙色的底层。

着色要点

- 用砂纸打磨罐头盒的表面。粗糙的表皮更容易着色。
- 等底层涂料干好后，再刷第二层涂料。

制作步骤

1 在罐头盒底部用钉子钻一个排水孔。

2 用砂纸打磨罐头盒表面。

3 给罐头盒着色、晒干。罐头盒内部也要着色。

4 在罐头盒表层刷一层蓝色涂料，掩盖住底层的橙色涂料。

5 涂料干好后用砂纸摩擦罐头盒表面，做旧处理。

6 星星点点地露出几处底层的橙色涂料就可以了。

主题 11

混栽水桶

给小水桶刷上鲜艳的涂料，小水桶就变身成了美丽的花器。可以随性地给水桶着色，不必拘泥小节，做一盆写意风格的混栽也很好。

所需素材

❶ 直径 9cm、高 8cm 铁皮水桶 1 个（着色）
❷ 培养土
❸ 铁丝网
❹ 虹之玉锦 B 类
❺ 乙女心 B 类

混栽要点

- 任选几种叶片形状相似、颜色不同的多肉植物做素材，增加观赏性。
- 在小水桶底部用钉子钻一个排水孔。

制作方法

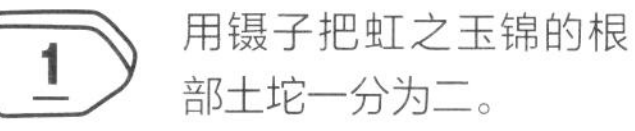

1 用镊子把虹之玉锦的根部土坨一分为二。

2 用同样方法分开乙女心。

3 在水桶底部的排水孔上方铺设铁丝网，把培养土添加至桶高 1/4 的位置处。

4 把虹之玉锦和乙女心先后栽入水桶，调整根部土坨的高度，使之与水桶边缘平齐。

5 用培养土填平两棵植株间的空隙，拍打水桶，使桶内的花土分布均匀。

6 抚平表层的花土，作品就完成了。

主题 12

铁皮花篮

可以在绿色的铁皮花篮里栽种上蓬松的薄雪万年草。薄雪万年草的茎叶从花篮里柔顺地流淌出来，给人一种纯美天真之感。花篮独特的手柄也会令观赏者觉得十分有趣。

所需素材

❶ 高 4.5cm、长 13cm、宽 9cm 的铁皮盒子 1 个（着色）
❷ 培养土
❸ 铁丝网
❹ 薄雪万年草 C 类

混栽要点

- 花器与多肉植物协调统一。造型时，可任由素材从花器中溢出来。
- 茎叶长长之后，可全方位修剪一新。1 ~ 2 个月后又会生长得葱葱茏茏。

制作方法

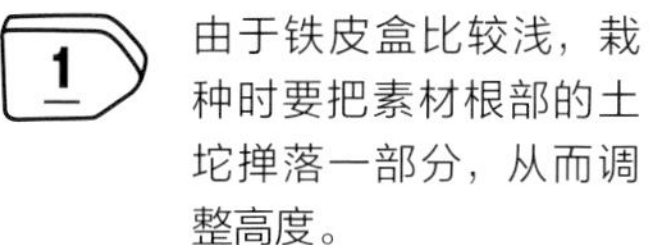

1 由于铁皮盒比较浅，栽种时要把素材根部的土坨掸落一部分，从而调整高度。

2 在铁盒底部的排水孔上铺设一层铁丝网，再撒上一层薄薄的培养土。

3 把薄雪万年草移栽入铁盒，并根据铁盒的深度调整植株根部的花土高度。

4 在铁盒空隙中加入培养土。轻轻拍打铁盒，使内部花土分布均匀。

5 调整枝条朝向。

6 纯真质朴的薄雪万年草花篮就完成了。

主题 13

混栽吊桶

把白色的吊桶悬挂在栅栏形的花架上。为提升作品整体的观赏性，可栽种三种形态各异的多肉植物。

所需素材

❶ 直径 8.5cm、高 7cm 的铁皮桶 3 个（着色）
❷ 铁丝网 3 块
❸ 雅乐之舞 C 类
❹ 小玉珠帘 C 类
❺ 不死鸟锦 B 类

混栽要点

- 把吊桶都刷成白色，白色是百搭色，与各种多肉植物都很相配。
- 把等长的木料用铁丝固定好，制作出孔格大小相等的栅栏花架。

制作方法

1 把小玉珠帘从盆里移出来，移栽时不要破坏植株根部的土坨。

2 在吊桶底部的排水孔上方铺设铁丝网，把小玉珠帘移栽到吊桶中。土坨的高度如与吊桶边缘齐平，则不需要再添加培养土。

3 用同样的方法移栽不死鸟锦，并根据实际情况调整桶内花土。

4 接下来移栽雅乐之舞。移栽时要把枝繁叶茂的一面调至易于观赏的方向。

5 移栽完成之后，调整叶冠的朝向，使其正面朝外。

6 把吊桶悬挂在花架醒目的位置上。

主题 14

混栽宝匣

绿色的小木匣里挤满了圆溜溜、胖乎乎的多肉植物。先把木匣的表层烤焦，然后再着色，就制作出了图片中的效果。

所需素材

❶ 木匣 1 个（着色，制作方法见第 73 页）
❷ 培养土
❸ 铁丝网
❹ 月美人 B 类
❺ 蝴蝶之舞 A 类
❻ 火祭 B 类
❼ 薄雪万年草 C 类

混栽要点

- 在色调凝重的小木匣内栽种色彩明丽的多肉拼盘，才能制造出这种浓妆淡抹总相宜的美感。
- 先烤焦木匣表面再着色。熏烤时小心烫伤手。

制作方法

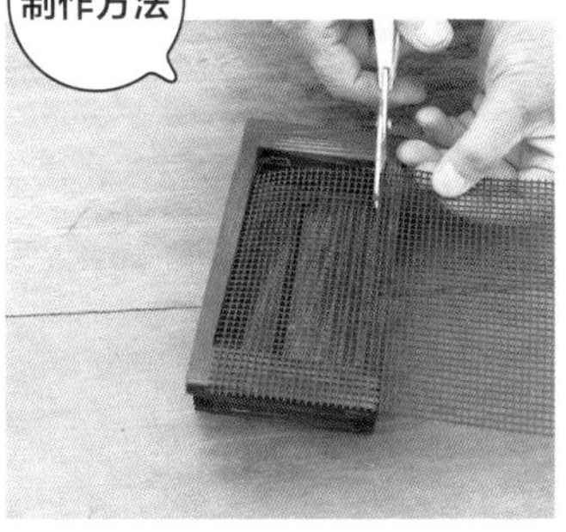

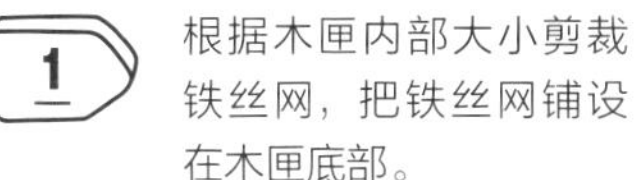

1 根据木匣内部大小剪裁铁丝网，把铁丝网铺设在木匣底部。

2 把培养土添加至小木匣的边缘，以便扦插混栽。

3 先剪取蝴蝶之舞。小匣子内部的混栽不宜过高。可从母株的枝头取下 6 枚叶片。

4 剪取月美人。月美人的长度应与蝴蝶之舞叶片的高度相同。

5 火祭插入培养土的茎长为 1cm 左右。其高度应与其他素材相等。

6 再剪取少许薄雪万年青的枝条填充在小木匣内的空隙处。

转下页

7 为方便扦插，可从蝴蝶之舞花茎的下方取下 2 枚叶片。

8 用镊子把蝴蝶之舞栽种在小匣子内的边角处。

9 把月美人下方的叶片也摘下来一枚，露出花茎，以便扦插。

10 把月美人栽种在小匣子的中间，并使其叶冠朝向与蝴蝶之舞相反。

11 把火祭下方 1cm 处的叶片摘取下来，以便扦插。

12 把火祭插在蝴蝶之舞和月美人之间。造型时要追求不规则的美感。

13 最后栽种薄雪万年草，将边缘的花土遮盖住。

14 大功告成！俯视时，您会发现这件不对称的拼盘竟然保持着一种微妙的平衡感。

小木匣的制作方法

图解

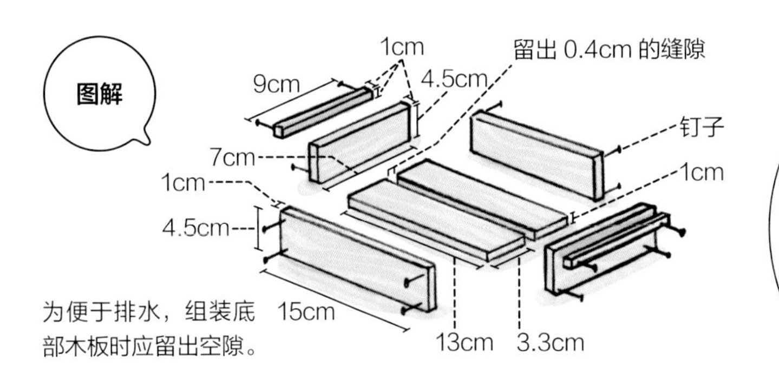

为便于排水，组装底部木板时应留出空隙。

制作要点

- 要用水性涂料给小木匣着色。
- 如果刷涂上的颜色过深，在涂料风干之前，可用抹布擦拭，调节小木匣的颜色。

制作步骤

1 把木板拼接在一起，钉成木匣。用煤气灯把木匣的表面烤焦。操作时小心烫伤手。

2 木匣的内侧也要烘烤。

3 用刷子仔仔细细地给木匣着色，不要留有余角。

4 为了美观，木匣的内侧也要刷上涂料。

5 涂料的颜色如果过深，可用抹布擦拭。

6 涂料晒干后，小匣子就做好了。

主题 15

混栽相框

把各种多肉植物栽种在相框内侧的匣子里，就构成了神奇而美丽的混栽相框。可以把相框挂在墙上，或立在某个角落，以便观赏真正的“活色生香”。

所需素材

❶ 相框 1 个（着色，制作方法见第 76 页）
❷ 火祭 B 类
❸ 虹之玉锦 B 类
❹ 粉色回忆 A 类
❺ 蝴蝶之舞 A 类
❻ 锦乙女 B 类

混栽要点

- 可选择红色系的多肉，各种红色叶片错落搭配，构图会更和谐。
- 在相框背面打一个木槽。着色后，用抹布擦去部分涂料，露出木料本色。

制作方法

1 构思之后，可依次把多肉植物栽种到相框背后的木匣内。调整虹之玉锦根部土坨的高度，使之能完全放入木槽，并栽种在相框右端。

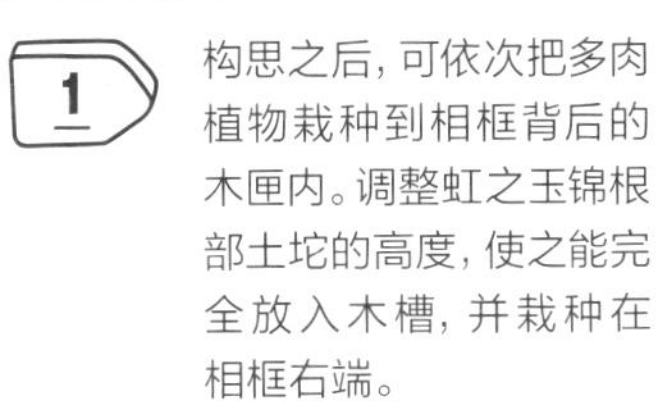

2 依次把锦乙女、火祭、蝴蝶之舞、粉色回忆等素材移栽入相框内的木槽。

3 接下来调整各素材根部土坨的高度，不要让土坨上的土露出来。

4 在各个素材的根部加入培养土，固定植株。

5 把后填进去的培养土按压平整。

6 擦去相框边缘的尘土与污垢，再调整素材枝条的朝向，相框就做好了。

相框的制作方法

图解

在相框木板边缘画一条倾斜45°的线，沿斜线剪裁木板。

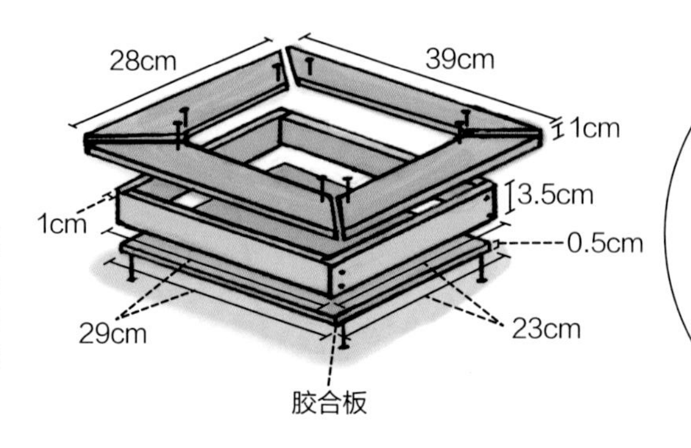

制作要点

- 打一个小匣子，把相框钉在匣子的边缘。
- 匣子底部与相框外侧对齐。
- 着色后用抹布擦拭相框，露出部分底色。

制作步骤

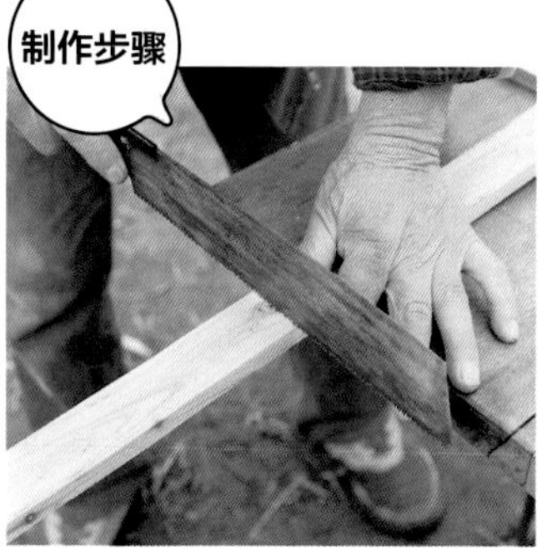

1 先锯4段木板做相框的边框。木板的长宽分别为42cm和31cm。

2 在距离木板顶端3cm处，用铅笔画一条倾斜45°的线。

3 用锯条锯掉斜线外侧的部分。操作时，要使锯条与木板保持垂直。

4 用锉磨平刚锯掉的斜边一侧。

5 在相框背面钉一个木匣。根据木匣上下两端的长度在相框内侧用铅笔画一条直线。

6 用锯条锯掉多余的木板，把切口处用锉打磨平整。

转下页

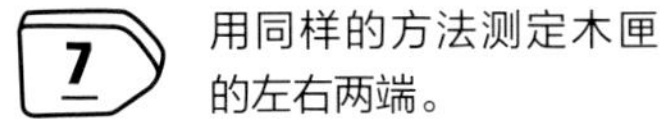

7 用同样的方法测定木匣的左右两端。

8 确认木匣的边框是否与相框的大小相匹配。把多余的部分锯掉。

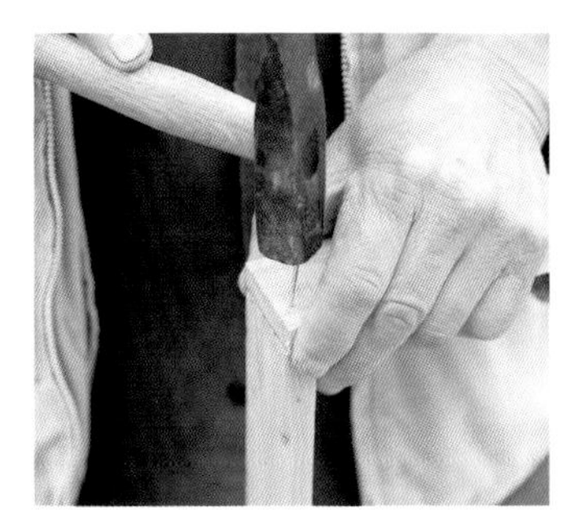

9 用钉子把剪裁好的木板钉在一起。两片木板的连接处用 2 颗钉子钉紧。

10 给背面的木框加个底，制成木匣。沿木框画线，把木板多余的部分锯掉。

11 把钉子钉在木板背面，木匣就做好了。

12 把相框钉在木匣的边框上。四角都用 2 ~ 3 枚钉子固定住。

13 用煤气灯烘烤相框和木匣，给它们刷上水性涂料，并在涂料晾干前用抹布擦拭边框，使其露出部分底色。

14 在木匣顶部嵌入 U 型钉子，再穿入绳子，把相框悬挂起来就可以了。

主题 16

花团锦簇的鸟巢

这是用多肉植物装饰的鸟巢。在鸟巢上挖一个一元硬币大小的洞口，大山雀就能在里边定居了。如果在冬季能把鸟巢准备好，在不久的将来，您就会迎来一个鸟语花香的春天。

所需素材

❶ 鸟巢 1 个（着色，制作方法见第 81 页）
❷ 水苔基座 1 个（制作方法见第 36 页）
❸ 铭月 B 类
❹ 虹之玉锦 B 类
❺ 黄丽 A 类
❻ 火祭 B 类

混栽要点

- 栽种红色的多肉。对比鲜明的红蓝两色把鸟巢渲染得更加浓艳美丽了。
- 如希望小鸟过来安家，那就要在冬天为它准备好新房。

制作方法

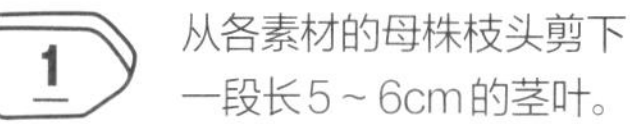

1 从各素材的母株枝头剪下一段长 5～6cm 的茎叶。

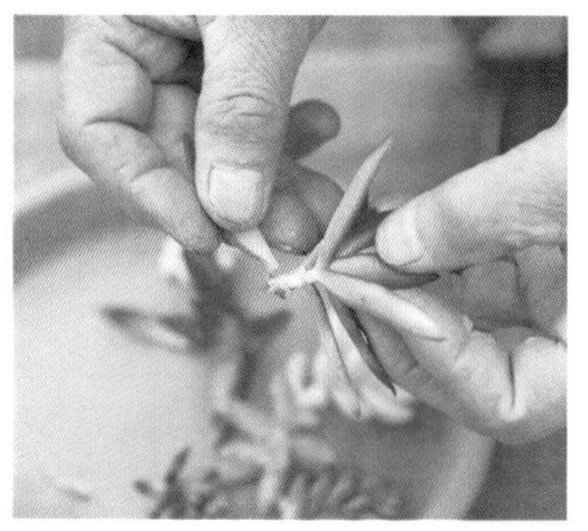

2 把生长在花茎下方 1cm 处的叶片摘掉，以便植入基座。

3 用镊子在水苔基座上挖一个洞。

4 把火祭深深地扦插在水苔基座的外侧。

5 一边把火祭周围的水苔按压结实，一边再挖一个洞。

转下页

6 把铭月安置在火祭上方靠近基座中心的位置。

7 在铭月的旁边再开一个洞，植入虹之玉锦，使它处于基座的中心位置。

8 在虹之玉锦的旁边插入一枝火祭，基座的其余部分用火祭和黄丽填满。

9 用各种素材把水苔基座遮住，将之塑造成半圆形的花球。

10 这是扦插完毕的效果。在两朵红色的火祭之间插入铭月或黄丽，这会使花球的色彩更加和谐美丽。

11 在水苔基座的侧面斜插入一根螺丝。

12 选定位置，用螺丝把水苔基座固定在鸟巢上。

13 完工！盛放的花球把螺丝和基座完全遮住，天衣无缝地与鸟巢融为一体。

鸟巢的制作方法

图解

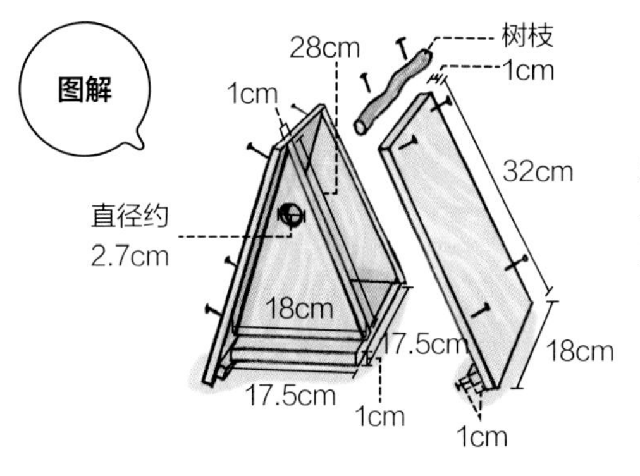

这种结构的鸟巢又简约又容易制作

制作要点

- 为避免雨水流入鸟巢，可将一根树枝固定在鸟巢顶部。
- 做鸟巢的木板在建材市场就可以买到。

制作步骤

1 在鸟巢顶部内侧5mm处，用钉子钻一个洞。

2 用钉子把正反两面的木板与顶盖固定在一起，共需固定左右四处。

3 测量底板的长度，选定底板的位置。

4 用钉子固定底板的两端，以免底板脱落。

5 上色后立即用抹布擦拭鸟巢的表面，把树枝钉在房顶。

6 鸟巢做好了。如抽出底板，还可以清扫鸟巢。

主题 17

花样门牌

这是用多肉植物装饰的门牌。可以在牌子上写上住址和姓名。白色的门牌配上红色、黄色叶片的多肉植物最好看。也可以把它改造成迎宾牌。

所需素材

❶ 门牌 1 个（着色，制作方法见第 85 页）
❷ 铭月 B 类
❸ 霜之朝 B 类
❹ 月美人 B 类
❺ 火祭 B 类
❻ 白兔耳 A 类

混栽要点

- 选用叶片如盛开之花的多肉植物做素材。为白色门牌搭配上红黄两色的素材，使作品变得鲜艳醒目。
- 可在门牌上方穿入绳子，以便悬挂。

制作方法

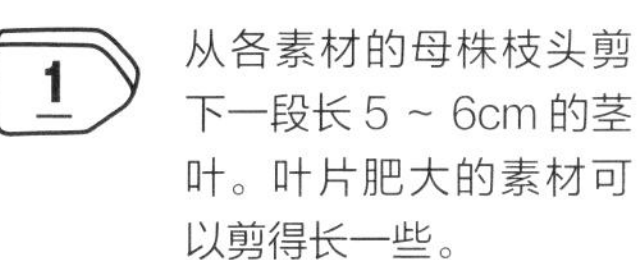

1 从各素材的母株枝头剪下一段长 5 ~ 6cm 的茎叶。叶片肥大的素材可以剪得长一些。

2 为方便扦插，把各素材下方 1cm 处的叶片摘取下来。

3 用镊子或剪刀在水苔基座上钻个洞。如希望洞口大一点，用剪刀钻洞会更方便。

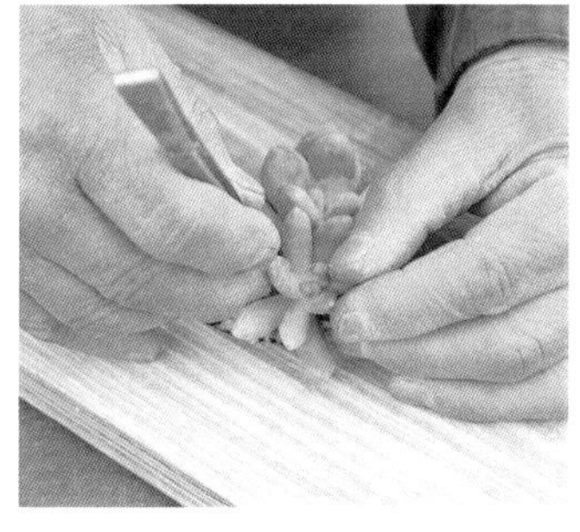

4 把月美人牢牢地扦插在基座中心偏上方的位置。

5 用同样方法钻一个洞，把铭月栽种在月美人旁边。

6 把月美人牢牢地固定在基座上。在铭月的上方插入火祭。

转下页

7 把霜之朝扦插在月美人下方，把颜色相近的素材安置在一起。随后在二者之间插入火祭。

8 把火祭插入基座的右下方。为了美观，可在火祭的旁边插入铭月。

9 把铭月扦插在火祭下方。右侧的火祭与铭月交相辉映，十分美丽。

10 由于刚才已经在右下方插入了铭月，为了使造型更加活泼，可在左下方插入火祭。

11 在左侧的中心位置和火祭的上方插入 2 只白兔耳。在月美人和霜之朝中间插入火祭。

12 在铭月上方插入白兔耳。

13 大功告成了。造型时要避免颜色类似的素材挨在一起，要注意色彩的搭配。

门牌的制作方法

用弓形锯挖出中间的洞，也可以请建材市场的工人师傅帮忙处理。

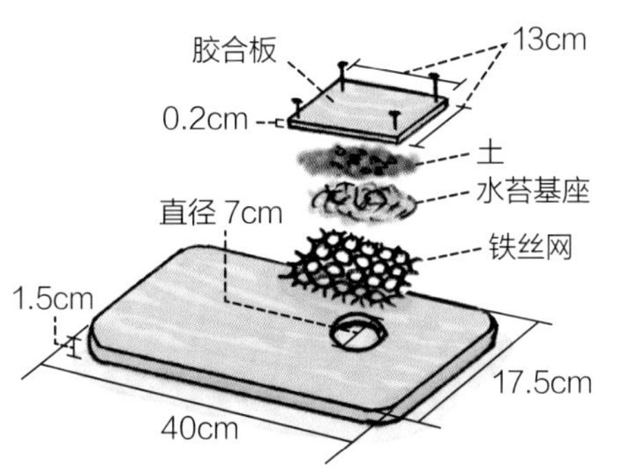

制作要点

- 门牌上的字既可手写，也可把剪好的字样贴在门牌上，再用喷枪喷涂。
- 着色后应马上用抹布擦拭，使之露出木质纹路。

1 在木牌中心偏上方的位置挖一个洞。把木牌的四角磨平，在上方钻两个穿绳子用的孔。

2 把铁丝网从木牌的背面按进去。按压进去一小部分就可以了。

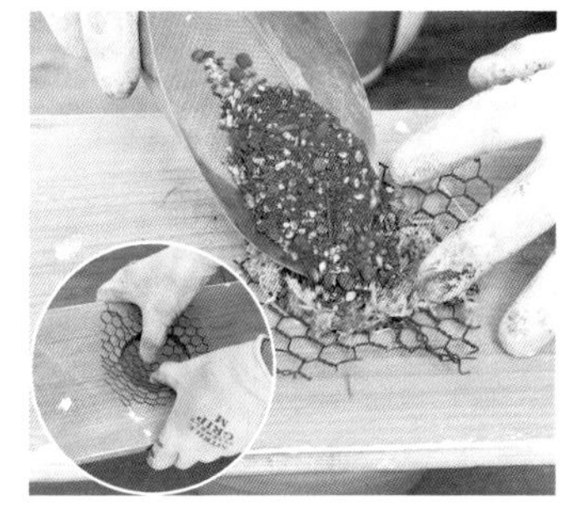

3 把木牌放在花盆上，在铁丝网上铺设水苔和培养土，再将培养土调整均匀。

4 把胶合板用螺丝钉在木牌的背面。这样，水苔和培养土就夹在了铁丝网和胶合板之间。

5 把露出来的水苔修剪整齐。

6 用喷枪喷涂上文字就可以了。

主题 18

小鸟的爱心食堂

在圆形的台面上栽种上可爱的多肉植物，给小鸟搭建一个爱心食堂吧！爱心食堂可以在缺米少粮的冬天对鸟儿开放。

所需素材

❶ 木质圆台 1 个（着色，制作方法见第 89 页）
❷ 培养土
❸ 星王子 B 类
❹ 乙女心 B 类
❺ 白牡丹 A 类

混栽要点

- 圆台上的每个洞口只栽种同一种多肉植物，布局时要讲求结构的对称。
- 为方便小鸟落脚，可以在木桩上插几根小树枝。

制作方法

1 从乙女心的枝头剪下几段长～6cm 的茎。取材时不必考虑叶片大小是否统一。

2 从白牡丹的枝头剪下几段长 5 ～ 6cm 的茎。取材时应选择叶片小巧的枝条。

3 从星王子的枝头剪下几段长 5 ～ 6cm 的茎。考虑到观赏性，取材时应重点考虑叶片繁茂的枝条。

4 在圆台的每个孔格内都填满土。生命力顽强的多肉植物在生长过程中并不需要太多的土。

5 把多余的培养土扫到其他孔格，使各个孔格土量均匀。

转下页

6 为方便扦插，可把乙女心枝条下方约 1cm 处的叶片摘下来。

7 把花苗植入培养土。由于孔格很浅，可把花茎剪短些。

8 把样态美丽的素材摆在孔格中央，每个孔格只栽种同一种素材。

9 为方便扦插，可把白牡丹枝条下方约 1cm 处的叶片摘下来。

10 把白牡丹的花苗密集地栽种在孔格中。

11 为方便扦插，可把星王子枝条下方约 1cm 处的叶片摘下来。

12 把星王子的花苗密集地栽种在孔格中。长短参差不齐的茎叶更能表现出素材的变化。

13 爱心食堂竣工！如图所示，要在对角方向的孔格中栽种同一种素材。

圆台的制作方法

图解

用2张半圆形的木板拼成台面，在木板下方钉上胶合板。

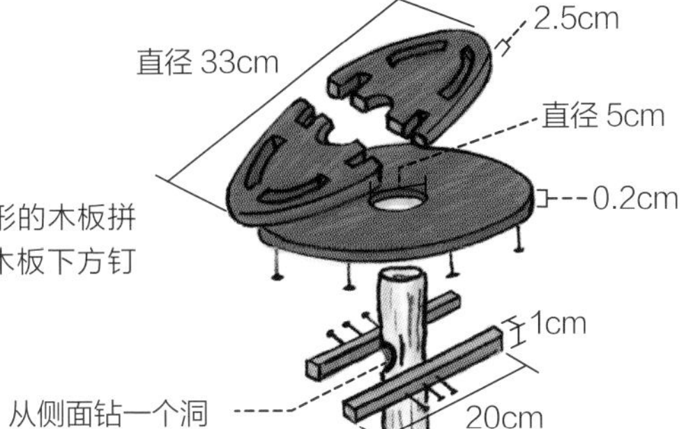

制作要点

- 制作圆台需要2张木板。
- 可以在穿透圆台中心的木桩顶端插入些许树枝，以方便小鸟落脚。

制作步骤

1 先立起一根木桩。在木桩上方15cm处钉两枚托举台面的钉子，再在木桩顶端钻几个插孔。

2 把圆台套入木桩，组装台面。

3 之后，在木桩顶端插入小树枝。

4 用铁丝把小树枝固定住。把盛装食物的小碟子摆放在台面上。

5 把食物放在碟子里，再把切片的橙子和苹果插在树枝上做装饰。

6 完工之后，绣眼鸟很快就会来啄食插在树枝上的橙子片了。

主题 19

小鸟的浴室

这件作品的主角是常在其他场合以配角身份登场的薄雪万年草。冬天，关东以西的地区不会结冰，薄雪万年草也能生长得郁郁葱葱。

所需素材

❶ 高 25cm、宽 30cm、长 30cm 的浴室 1 个（着色）
❷ 培养土
❸ 薄雪万年草 C 类

混栽要点

- 把薄雪万年草栽种在毛巾上。薄雪万年草越长越多，会把毛巾完全遮盖起来。
- 可用园艺用托水盘做小鸟的浴盆。

制作方法

1 长 30cm、宽 15cm 的木板 2 张；长 18cm 的房梁 2 根；边长 30cm 的木板 1 张；高 20cm 的柱子和长 18cm 的顶梁各 4 根。把上述材料搭建在一起，上色。

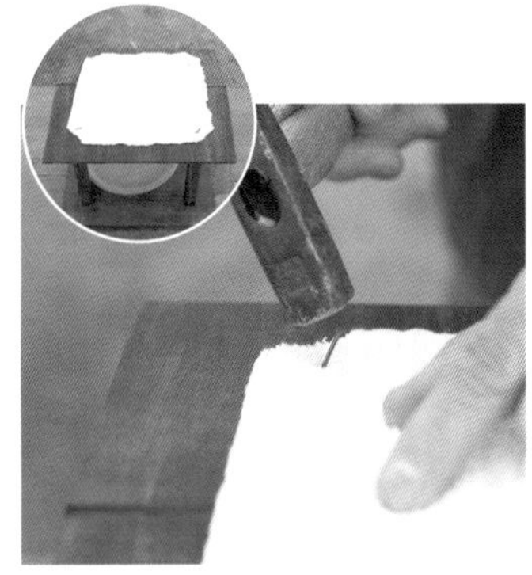

2 把比房顶小一圈的毛巾铺在做屋顶的木板上，为固定毛巾，可把钉子头横敲在毛巾上。

3 在毛巾上平整地铺设一层培养土。

4 取出薄雪万年草，并保留其根部厚度约为 1cm 左右的土坨。

5 把薄雪万年草均匀地栽种在毛巾上，使其完全遮盖住毛巾。

6 在正面的柱子下再栽种一处薄雪万年草，制作就完成了。2～3 个月之后，顶部的薄雪万年草就能把房顶完全遮盖起来。

主题 20

创意时钟

时钟的铁丝指针早已锈迹斑斑，而栽种在中心的多肉植物却生机勃勃。时间的永恒与不息，也被诠释在了这件创意作品中。

所需素材

❶ 长 44cm、宽 31cm、厚 4cm 的时钟边框 1 个（着色）
❷ 水苔基座 1 个（制作方法见第 36 页）
❸ 箭叶菊 B 类
❹ 朱莲 A 类
❺ 蝴蝶之舞 B 类
❻ 虹之玉锦 B 类
❼ 白牡丹 A 类

混栽要点

- 小小的水苔基座上种满了色彩鲜艳的素材，使花球看上去呼之欲出。
- 用生锈的铁丝做时钟的数字、指针和承载多肉植物的底座。

制作方法

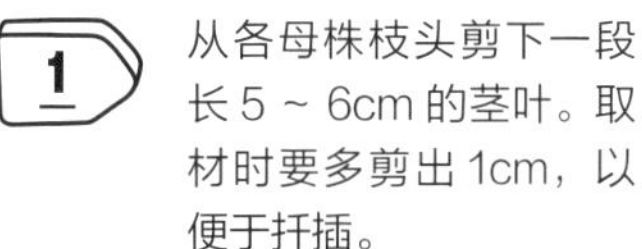

1 从各母株枝头剪下一段长 5 ~ 6cm 的茎叶。取材时要多剪出 1cm，以便于扦插。

2 在水苔基座的左下方钻一个洞，把朱莲牢牢地扦插进去。

3 根据素材的颜色和形状安排各自位置，使整体造型协调美观。

4 把铁丝穿入水苔基座，以便固定在时钟的中心。

5 把基座的铁丝绑在时钟中心底台的背面。这样，花球就能固定在时钟的中心位置。

6 创意时钟的尺寸为 44cm × 31cm，先把铁丝穿过时钟的中心，用钉子固定好。上色后用抹布擦拭时钟的边框，使之显露出木质纹理。

主题 21

石缝里的花朵

抗火石是日本新岛出产的一种轻石，质地轻巧，便于加工，能够打磨成各种形状。抗火石外形美观，透气性良好，最适合做多肉植物的混栽花器。

所需素材

❶直径 9.5cm、高 9.5cm 抗火石花盆 1 个
❷培养土
❸铁丝网
❹月美人 B 类
❺虹之玉锦 B 类
❻铭月 B 类
❼火祭 B 类

混栽要点

- 抗火石花器颜色质朴低调，能把任何一种多肉植物都衬托得很美观。
- 用锉打磨石头的棱角，给花器设计出好看的造型。
- 也可以网购抗火石花盆。

制作方法

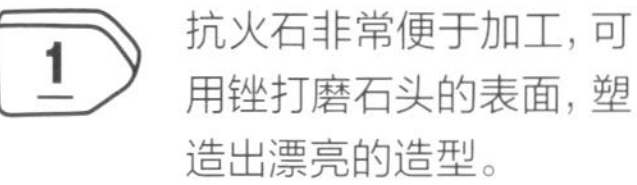

1 抗火石非常便于加工，可用锉打磨石头的表面，塑造出漂亮的造型。

2 混栽时，月美人等体形肥硕的素材可摆放在花盆内的中心位置，其他体形纤小的素材可以摆放在花盆边缘。

3 把培养土添加至花盆的边缘。

4 为方便扦插，可把月美人枝条下方约 1cm 处的叶片摘下来。月美人可栽种在中心偏左的位置。

5 在余下的位置插入其他素材。

6 把素材牢牢固定在培养土中就可以了。红色叶片的素材会成为整件作品的亮点，使作品看上去又活泼又温暖。

老树开花

把枯树根刷洗干净，再给它刷涂上鲜艳的水彩。彩色的树根与叶片色调明快的多肉植物，把作品烘托得既浪漫又热情。

所需素材

❶ 树根 1 个（着色）
❷ 水苔基座 3 个（制作方法见第 36 页）
❸ 铁丝
❹ 黄金花月 B 类
❺ 铭月 B 类
❻ 粉色回忆 A 类
❼ 虹之玉锦 B 类
❽ 火祭 B 类

混栽要点

- 色彩斑斓的树根本就靓丽显眼，种上鲜红的火祭，整体效果更佳。
- 干燥的土壤利于多肉的生长，可将其放在户外，充分沐浴阳光。

制作方法

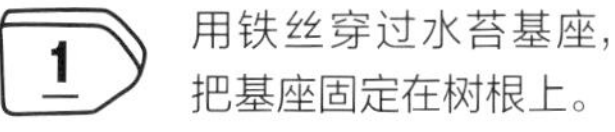

1 用铁丝穿过水苔基座，把基座固定在树根上。

2 把条状水苔基座纵向固定在树根上，用螺丝固定基座翘起来的部分。

3 剪下几枝火祭，并摘下素材下方的叶片。用镊子在水苔基座上挖几个洞，插入火祭。

4 在水苔基座的右侧栽入黄金花月和虹之玉锦等素材。也可以用花月代替黄金花月。

5 在水苔基座的左侧栽入叶片颜色不同、形态相似的各种素材。

6 完成了。构思时要先选定中心，再设计两端。

主题 23

发芽的蛋壳

发芽的蛋壳萌萌哒！可先用喷漆枪给蛋壳着色，再在蛋壳中栽花种草。

所需素材

❶ 蛋壳 6 个（还要准备一个鸡蛋包装盒。）
❷ 培养土
❸ 若绿 B 类
❹ 绿玉树（牛奶树）B 类
❺ 黄金花月 B 类
❻ 火祭 B 类
❼ 月美人 B 类
❽ 箭叶菊 B 类

混栽要点

- 把蛋壳尖小的一端敲掉，取出里边的蛋液。
- 在蛋壳里栽种上形态各异、长短参差不齐的多肉植物，把它打扮得像个小玩具一样。

制作方法

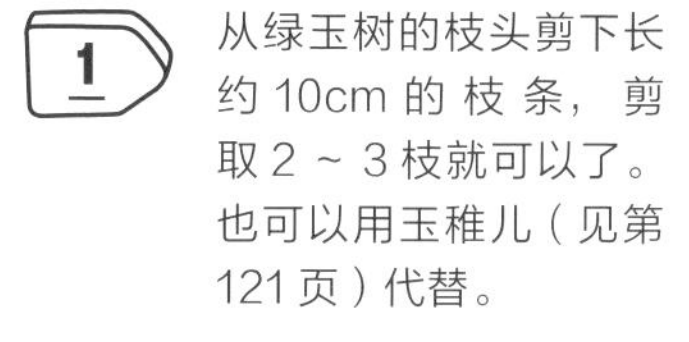

1 从绿玉树的枝头剪下长约 10cm 的枝条，剪取 2 ~ 3 枝就可以了。也可以用玉稚儿（见第 121 页）代替。

2 剪下 4 ~ 6 枝若绿，每枝若绿的长度在 8 ~ 10cm。

3 月美人叶片肥大，必须单独栽种。取材时，可以从母株枝头剪下一长段茎叶。黄金花月也可以用花月代替。

4 在蛋壳里加入培养土。操作时小心碰碎蛋壳。

5 把其他素材也栽进蛋壳，注意调整叶片朝向。

6 栽好后把蛋壳放回包装盒里就可以了。由于蛋壳没有排水孔，故一定要控制浇水量。

璀璨花环

这是用各种多肉植物混栽而成的花环。2 ~ 3 年后，花环上的多肉植物会变得更加珠圆玉润，惹人喜爱。

所需素材

❶ 水苔基座 1 个（制作方法见第 36 页），直径约 18cm 的水苔花环 1 个
❷ 火祭 B 类
❸ 黄丽 A 类
❹ 夕映爱 B 类
❺ 月美人 B 类
❻ 白牡丹 A 类
❼ 虹之玉锦 B 类

混栽要点

- 选择不易徒长的多肉做素材。因为此类素材形态在 5 ~ 6 年内都不会变，便于打理，观赏性强。如有走形的枝叶，剪掉即可。
- 水苔和培养土都要适量。

制作方法

1 从各母株枝头取下几段长 3 ~ 5cm 的枝条。为方便扦插，可把枝条下方 1cm 处的叶片摘掉。

2 用镊子在水苔基座上钻一个洞。如果素材的茎比较粗，用剪刀戳洞更方便。

3 先把叶片肥硕的夕映爱、月美人、白牡丹等素材插入水苔基座。

4 再在大叶素材的周边栽种叶片纤细的素材。

5 为使每组花团界限清晰，可把叶色鲜艳的素材安插在边界处。每组花团的造型结构要一致。

6 制作花环时，要将叶片的颜色搭配得协调美观。

主题 25

假山花园

在古旧的木板上撒上轻石，再种上多肉植物，假山花园就修建好了！古旧的木板上最适合栽种清新柔嫩的多肉植物。所以家里的废旧木板千万别扔掉，说不定哪一天它就会变成艺术品的一部分呢。

所需素材

❶ 高 6cm、长 41cm、宽 26cm 的底座 1 个
❷ 培养土
❸ 轻石
❹ 化妆砂
❺ 若绿 B 类

混栽要点

- 用轻石和若绿构建假山花园。
- 用废旧木板做底座，并在底座下边钉两块木料做垫脚。

制作方法

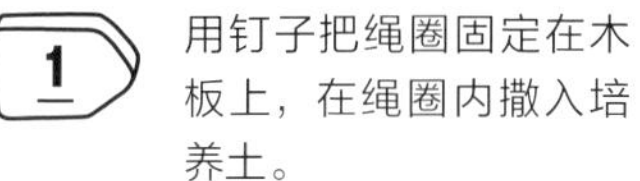

1 用钉子把绳圈固定在木板上，在绳圈内撒入培养土。

2 在圈内的中央部分多加些培养土，再摆放几块三角形的轻石做假山。

3 从若绿的枝头上剪下若干长约 5cm 的枝条。用量可根据栽种范围做调整。

4 用镊子把素材栽入培养土。可以在中间土多的位置栽种一些长一点的素材。

5 栽种完成后，将化妆砂撒在培养土上做装饰。

6 至此，庭院式的盆景就完成了。

作品 1

挂毯

用火祭构成的作品，灵感源于葛饰北斋的浮世绘《富士山》。乳白色的人工水苔把火祭衬托得更加热烈浓艳。小幅挂毯是用薄雪万年草和秋麒麟草制作的色彩缤纷的抽象派作品。

作品 2

空中花园

铜花盘托起了一座用多肉植物和轻石修建的空中花园。把莲花状的阔叶素材摆在中间，这会使作品更富立体感。锈迹斑驳的铜链恰到好处地衬托出了多肉植物的娇嫩柔美。

作品 3

全家福

先制作一个长些的相框，再在相框里栽种美丽的多肉植物。可以先构造出三组混栽区，再用飘逸的翡翠珠环绕三组混栽区，使之融为一体。翡翠珠的加盟使作品变得更柔美，更富浪漫气息。

作品 4

三重奏

这组作品分别用栽满了多肉植物的小巧鸟笼、球形的水苔基座和悬空的篮筐制作而成。先把鸟笼的铁丝摘除一部分，把水苔花球放入笼中，再把铁丝安装回去。造型构思时要考虑色彩的搭配与整体的协调。

作品 5

盘丝洞

用金黄色的金属条做蜘蛛的腿，再用混栽花球做蜘蛛的身体。这件作品妙趣横生，极具生活气息。也可以用粗一点的铁丝代替金属条。

作品 6

天秤

用废旧的木板制作天秤的架子。着色之后，用抹布把天秤架表面的涂料擦干净，从而突显木料纹理的质感。把多肉植物栽种在悬挂起来的铜花盘内。天秤的两端摇摆不定，使作品充满了动感与未知。

作品 7

托水盘

用钻孔机在瓦制托水盘上钻两个孔，以便悬挂托水盘。在水苔基座上插入多肉植物，于是多肉植物的影子就会映在托盘上，使作品变得更加生动立体。多肉植物只需一点点土就足够了，可以尝试在各种材质的容器中栽种多肉植物。

作品 8

垃圾桶

多肉植物也可以为室外的垃圾桶增光添彩。可用莲座状阔叶多肉植物做素材，装点在垃圾桶的顶部。取材时应考虑用颜色素雅清新的多肉植物做素材。可在空隙间栽种薄雪万年草，用它来衬托主角的华美典雅。

作品 9

铁条花架

把生锈的铁条捆在一起，将其两端向外弯折，做成一个能够托举起多肉植物的花台。可在花架上方栽种下垂生长型的多肉植物。此类素材与铁条花架搭配在一起极为自然，毫无突兀之感。这件作品虽然制作简单，却极具创意。

作品 10

邮箱

给空心的木料加一个盖子，木块就变成邮箱了。可在茎叶高挑的红色素材和叶片为紫色的素材之间加入叶片颜色为黄白两色的素材，保持整体色彩的搭配平衡。

作品 11

壁画

在相框里用多肉植物描绘出一幅图画。左侧的树枝是用铁丝固定的，多肉植物是“生长”在树枝上的花朵。右侧的蜘蛛网是用铁丝做的，碧绿珊瑚苇细长的枝条让人联想到蜘蛛的腿。细细的铁丝和修长的枝条让作品充满灵性。

Part 3

多肉植物的分类与索引

为了混栽时取材方便，本书把多肉植物划分为横向生长型、纵向生长型和下垂生长型三种类型。但实际上，还有一些多肉植物的生长形态并不能简单地被划归到这三种类型中。混栽时可根据实际情况选取相应的素材。

A类 横向生长型

No.1 黄丽

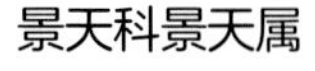

景天科景天属

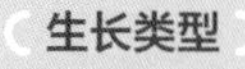

生长类型	观赏价值	培育难易度
春/秋	叶形 株姿	

特　征 黄丽的枝条上长满了黄绿两色的肥硕叶片。在阳光照射下，叶片的顶端会显现出橙色，十分美丽。

注意事项 叶色为黄色的多肉植物相对较少，所以黄丽也是混栽中非常重要的素材。修剪后，其枝条的数目会增多，生命力非常顽强。

No.2 旭波之光

景天科银波锦属

生长类型	观赏价值	培育难易度
夏	叶色	

特　征 旭波之光为银波锦与其他种类的杂交品种。叶片上奶油一样的斑纹非常可爱，气温降低时，这些斑纹会变成红色。

注意事项 旭波之光在夏季的养护相对困难。其叶片十分美丽，更适合单株观赏。旭波之光既不喜高温潮湿，也不喜夏日骄阳。生长速度较缓慢。

No.3 熊童子

景天科银波锦属

生长类型

观赏价值

培育难易度

特　征 熊童子肥厚的叶片生有绒毛，叶色绿中带黄。叶端具爪样齿，在阳光充足的环境中，叶端齿会呈现红褐色，活像一只小熊的脚掌，很是可爱。

注意事项 叶色为酸橙绿的熊童子，只需一片就足以在混栽中占尽风头。它生长速度缓慢，易于保持原有形态，很适合做混栽素材。

No.4 胧月

景天科风车草属

生长类型

观赏价值

培育难易度

特　征 胧月是一种可以食用的多肉植物。灰绿色的叶片上略带一丝粉红。

注意事项 胧月极易养护，适应能力很强，喜欢较为干燥、阳光充足的环境，喜沙质土壤，不耐阴湿。胧月的耐寒性较强，冬季也可以养在室外，但不要让它遭遇寒霜。可用枝插法和叶插法繁育新苗。

蝴蝶之舞

景天科伽蓝菜属

生长类型	观赏价值	培育难易度
夏	叶色、株姿	

特　征 灰绿色的叶片泛着紫红色的光泽，叶端具爪样齿，而叶片长有黄色斑纹的品种叫蝴蝶之舞锦。

注意事项 蝴蝶之舞喜欢在阳光充足的环境中生长。日光照射不足会引起植株的徒长。养护时应让植株充分地沐浴阳光，但要避免夏日骄阳的炙烤。

猫爪

景天科银波锦属

生长类型	观赏价值	培育难易度
春／秋	叶形、株姿	

特　征 猫爪是熊童子（见第 117 页）的变异品种。猫爪叶片边缘的锯齿比熊童子的少，株姿袖珍小巧。

注意事项 猫爪更适合单株观赏。它的生长速度极为迟缓，养护时应避免夏日骄阳的直射。

七福神

景天科拟石莲花属

特 征 七福神的叶片呈紧密环形排列，叶片为莲座状。叶面光滑有微白粉，叶片常年浅蓝色，有点厚。叶尖红色，温差大的时候叶尖的红色非常明显。

注意事项 春天和秋天是生长期，可以全日照。夏天会轻微休眠，需通风遮阳。可与叶形相似的素材在一起混栽。

朱莲

景天科伽蓝菜属

生长类型

夏

特 征 向内侧扣拢的叶片边缘呈锯齿状，叶色丹红美艳。入秋后，叶片的颜色会更加艳丽。

注意事项 只有在光照充足的条件下，叶片才能变成红色。叶片的形状圆润可爱，很适合与其他素材搭配在一起来混栽。

No.9 白牡丹

景天科石莲花属

生长类型 观赏价值 培育难易度

特　征 叶色灰白至灰绿，叶片表面有淡淡的白粉，叶尖在阳光下会呈现浅粉红色，茎健壮，互生叶排列成莲座形，白色叶子如牡丹绽放，十分美丽。

注意事项 株姿卓尔不俗，适合栽在小花盆里单株欣赏，且可在其旁摆放叶形与之类似的品种。注意控制浇水和施肥的频度，保持植株的袖珍玲珑。

No.10 高砂之翁

景天科石莲花属

生长类型 观赏价值 培育难易度

特　征 高砂之翁的叶片呈莲座型密集排列，圆形，叶缘大波浪状皱褶。茎的直径最长可达 30cm。

注意事项 叶片宽大华美的高砂之翁不仅可以做混栽素材，也可以单株观赏。养护时可适当地施肥，促进叶片生长，但施肥过量会引发植株徒长与叶片脱落。

玉稚儿

景天科青锁龙属

生长类型

观赏价值

培育难易度

特　征 肥厚的绿白色叶片对生，紧密排列，叶面有微绒毛。气温降低时，叶片会呈现出淡淡的红色。

注意事项 一旦徒长，玉稚儿的枝条就会冗长地坠下来，芯也会变黑。应不时地修剪枝条，使植株时刻处于旺盛的生长状态。

No.12 特玉莲

景天科石莲花属

生长类型

观赏价值

培育难易度

特　征 叶片叶基部为扭曲的匙形，两侧边缘向外弯曲，导致中间部分拱突，叶背中央有一条明显的沟。叶色为青绿色，甚至是灰绿色。

注意事项 特玉莲喜温暖、干燥和通风的环境，喜光，耐旱，不耐湿，夏季应摆放在通风良好的阴凉处。如光照不足，叶片会变成浅绿色。

No.13 圆叶八千代（天使之泪）

景天科景天属

生长类型

观赏价值

培育难易度

特　征 圆叶八千代也叫天使之泪。叶片卵形带有白粉，叶背凸起十分圆润，生长在枝头的叶片排列紧凑，如生长过长还会垂下来。春季会开出簇状的黄色小花。

注意事项 可用枝插法繁育花苗。在混栽中常以配角身份登场，用于装饰作品的边边角角。

No.14 红艳辉（红辉炎）

景天科石莲花属

生长类型

观赏价值

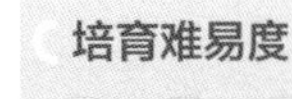

培育难易度

特　征 浅绿色的叶片肥厚多汁，顶端呈紫红色。春夏之际会开出橙色的花朵。

注意事项 如水肥施加过量，则叶片边缘不会出现紫红色。生长速度缓慢，色泽柔和，很适合与其他素材搭配在一起来混栽。

姬玉露（沙漠水晶）

百合科十二卷属

生长类型

观赏价值

培育难易度

特　征 别名沙漠水晶。肉质叶呈紧凑的莲座状排列，叶片肥厚饱满，翠绿色，上半段呈透明或半透明状。由于它很像落在地面的露珠，因而得名姬玉露。

注意事项 喜凉爽的半阴环境，增加空气湿度后非常透亮。耐干旱，不耐寒，忌高温潮湿和烈日曝晒，怕土壤积水。生长过程中，新苗也会渐次破土而出。

白兔耳

景天科石莲花属

生长类型

观赏价值

培育难易度

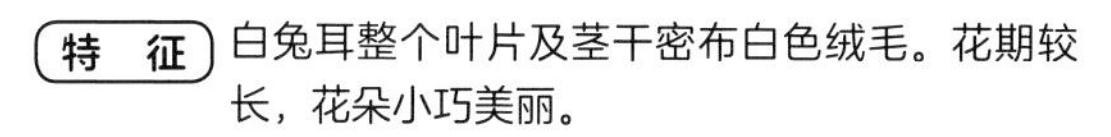

特　征 白兔耳整个叶片及茎干密布白色绒毛。花期较长，花朵小巧美丽。

注意事项 白兔耳需要阳光充足和凉爽干燥的环境，耐半阴，怕水涝，忌闷热潮湿。寒凉季节生长，夏季高温时休眠。可以摘取几枚发育成熟的叶片，用叶插法繁育花苗。也可以用枝插法繁育新苗。

花筏

景天科石莲花属

生长类型	观赏价值	培育难易度
夏	 叶色 株姿	

特　征 三角形叶片肉质厚实，呈绿色或青紫色、紫红色，会随着季节、光照和温度的变化而变化。一年之内可生长数次。

注意事项 花筏生命力顽强，养护简单。叶片无鲜明个性，适合做混栽素材。花筏的花朵十分美丽，适合在做花艺时使用。

熊童子锦

景天科银波锦属

生长类型	观赏价值	培育难易度
 春 / 秋	 叶色	

特　征 熊童子锦是熊童子（见第117页）的变异品种。肥厚的叶片生满绒毛，叶端生有爪样齿和红褐色的凸起部分。

注意事项 应把熊童子锦从向阳处转移到阴凉处养护。熊童子锦不耐高温潮湿的环境，强烈的光照也会影响其叶片的颜色。

黑骑士

景天科石莲花属

生长类型：夏

观赏价值：

培育难易度：

特　征 黑骑士也叫古紫，叶片呈墨绿色，边缘为褐色。植株肉质叶排成松散的莲座状。叶片长梭形，微微向叶心弯曲，叶尖也往叶心弯曲，强光下或者温差大时，叶片呈现漂亮的紫黑色，如墨一般。

注意事项 用叶插法育苗比较困难，可以用分株法繁育新苗。

姬胧月

景天科风车草属

生长类型：

观赏价值：

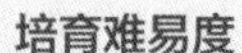

培育难易度：

特　征 叶片形如三角，叶排成延长的莲座状，被白粉。平时为绿色，日照充足时，叶色朱红带褐色。

注意事项 喜阳光充足，日照不足会影响叶片的颜色。喜温暖干燥的环境，耐干旱。耐寒性强，可全年摆放在室外养护。紫红色的叶片很适合做混栽素材。

No.21 唐印

景天科伽蓝菜属

生长类型	观赏价值	培育难易度
夏	  叶形 叶色	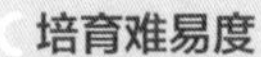 

特　征 绿中带白的叶片形似团扇，边缘呈红色。秋末至初春的寒凉季节，在阳光充足的条件下，叶片会完全变成红色。

注意事项 叶片排列紧密，为圆锥花序。养护时，要注意控制浇水的量。在阳光充足的条件下，叶片会变成深红色。

No.22 丸叶红司

景天科石莲花属

生长类型	观赏价值	培育难易度
 冬	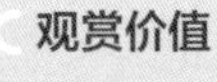  叶形 叶色	 

特　征 丸叶红司是红司的一种，叶片为长卵形。叶背中央、叶缘与叶面有深红色斑纹是其最大特征。通体紫红，极具个性。

注意事项 丸叶红司个性十足，不适合与其他素材搭配在一起混栽。即便和叶色、叶形相似的素材摆放在一起，依然难以合群。养护时，需注意防治病虫害。

琉璃晃（琉璃光）

大戟科大戟属

生长类型	观赏价值	培育难易度

特　征 琉璃晃别名琉璃光，形似仙人掌。从母株上生长出的新芽使它的形态变得十分有趣。琉璃晃生命力顽强。

注意事项 把子株摘取下来就可以繁育新苗。琉璃晃的株姿奇特，适合单株观赏。

粉色回忆

景天科石莲花属

生长类型	观赏价值	培育难易度

特　征 生长速度较快，养护简易方便。肥厚的叶片呈粉红色，秋冬之际，叶片会变成深粉色。

注意事项 如果施肥过量，叶片的颜色会变淡甚至消失。粉红色的叶片会使其成为混栽中的一大亮点，常以配角身份在混栽作品中出现。

B类 纵向生长型

No.25 赤鬼城

景天科青锁龙属

生长类型	观赏价值	培育难易度
夏	  叶色	

特　征 赤鬼城喜温暖、干燥和阳光充足的环境，耐干旱，耐严寒。生命力顽强，养护简单。入秋后，赤鬼城的叶片颜色会变成深红色。

注意事项 充足的日光照射是叶片变成红色的前提条件。如果气温在 0℃以上，那么在无霜露的冬季也可以养在室外。植株体形较大，适合单株观赏。

No.26 知更鸟

景天科青锁龙属

生长类型	观赏价值	 培育难易度
 春/秋	 叶色	

特　征 知更鸟植株能够长高。叶片对生，呈大匙形，叶面有半透明状无序排列的小点点，叶片顶端为紫红色，叶面有微蓝的少量白粉。

注意事项 如不希望植株体形过大，可把它栽种在小花盆里，控制水肥量。剪掉老叶片还会生出更多的新芽。

石莲

景天科石莲属

生长类型

观赏价值

培育难易度

特　征 蓝灰色的叶片泛有紫色光泽。气候温暖的时节，是石莲的生长期。新生的幼苗会横向分布。入秋后气温下降时，叶片会变为紫红色。

注意事项 喜温暖干燥和阳光充足的环境。不耐寒，耐半阴，怕积水，忌烈日。

黄金月兔耳

景天科伽蓝菜属

生长类型

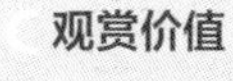

观赏价值

培育难易度

特　征 黄金月兔耳的茎叶上覆盖着细密的绒毛，是月兔耳（见第 138 页）的一种。叶片呈黄色，叶缘为茶褐色，姿态非常美丽可爱。

注意事项 体态优美、颜色柔和的黄金月兔耳很适合与其他素材搭配在一起混栽。可用叶插法繁育新苗。

虹之玉锦

景天科景天属

特　征 虹之玉锦是虹之玉（见第 139 页）的锦化品种。耐热性相对较差，日光照射时间充足时，叶片会呈现出美丽的粉红色。

注意事项 这是一种极好的混栽素材。其叶色和株姿都很容易与其他素材搭配。其叶片容易脱落，而落叶也会生出新芽，但新芽长大的植株会变成虹之玉。

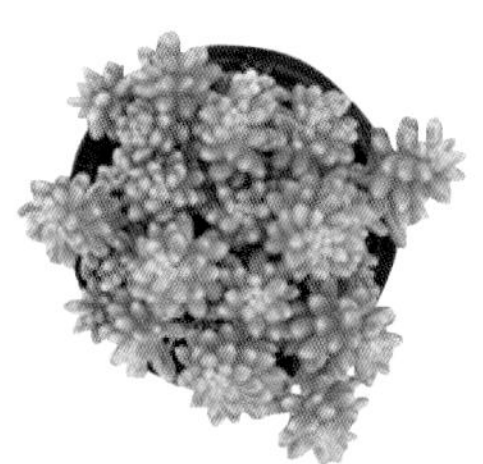

乙女心

景天科景天属

特　征 叶片簇生于茎顶，呈圆柱状，淡绿色或淡灰蓝色，叶前端具红色，略向上方卷曲。

注意事项 若水肥施加过量，会使叶缘的红色消失。乙女心的叶色和株姿都很容易与其他素材搭配，很适合做混栽素材。乙女心较为娇弱，需悉心呵护。

花月

景天科青锁龙属

生长类型

观赏价值

培育难易度

特　征 花月虽然有一定的耐寒性，却经不住霜打。水肥施加过量时会引发植株的徒长。

注意事项 为使其保持玲珑娇小的体态，可把它栽种在小花盆里，严控水肥施加量。如无霜冻，可把花月摆放在室外，使之沐浴阳光。

花月锦

景天科千里光属

生长类型

观赏价值

培育难易度

特　征 花月锦是花月的锦化品种。一枚叶片上就有绿、淡黄、粉红三种颜色，十分美丽。

注意事项 水肥施加过量时，会影响叶片的颜色，使植株生长缓慢。适当的修剪更有利于花月锦的生长。

银月

菊科千里光属

生长类型

观赏价值

培育难易度

特　征 叶片呈纺锤形。叶色青绿通透，表面覆盖着白色的绒毛。

注意事项 银月虽然可爱，但由于它既不耐热也不耐寒，养护起来十分麻烦。银月的生长速度非常缓慢，浇水过量会致使植株枯萎，所以浇水一定要适量。

银箭

景天科青锁龙属

生长类型

观赏价值

培育难易度

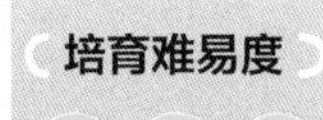

特　征 叶片呈纺锤形，顶端向上翘起。叶表生满细密的白色绒毛，通体绿中透白。

注意事项 银箭生命力强盛，易于养护。气温降低时，叶片会变成紫色。可将枝头的茎叶剪取下来，用枝插法繁育新苗。

久米里

景天科石莲花属

生长类型：夏

观赏价值

培育难易度

特　征 久米之舞的园艺品种。花茎直立挺拔。气温下降时，叶片会略带红色。生长年数越多的植株，叶缘越容易变成红色。

注意事项 如植株出现徒长现象，可剪去多余的枝条，这样植株就会萌发出新的嫩芽。只有日照充足时，叶片才会变成红色。养护时，需注意预防病虫害。

紫蛮刀

菊科千里光属

生长类型：夏

观赏价值

培育难易度

特　征 肉质叶片为倒卵形，青绿色，稍有白粉，叶缘及叶片基部均呈紫色。

注意事项 紫蛮刀具有其他多肉植物不具备的美丽特质。茎叶高挑修长的紫蛮刀非常适合以主角的身份在混栽作品中登场。当然，也可以单株观赏。它的生长速度较为缓慢。

黑法师

景天科莲花掌属

生长类型：冬

观赏价值：

培育难易度：

特　征 黑法师外形特殊，叶色美观，极具观赏价值。光线不足、施肥过多时不仅会影响叶片的颜色，还会使它的生长点变成绿色。

注意事项 个性鲜明的黑法师不适合混栽，单株观赏更能实现它的观赏价值。生长多年的黑法师可高达数米。

逆鳞龙

大戟科大戟属

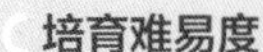

特　征 逆鳞龙的茎十分粗壮，表面凹凸不平，顶端会生长出细小的叶片，其外形酷似一只菠萝。这也成了它备受喜爱的原因。

注意事项 如切断逆鳞龙的生长点，茎上就会萌生出更多的新芽。可以把新芽剪下来，用枝插法繁育新花苗。

No.39 筒叶花月

景天科青锁龙属

生长类型	观赏价值	培育难易度
夏	 叶形  株姿	

特　征 卷筒状的叶片呈黄褐色或灰褐色，在茎或分枝顶端密集成簇生长。盆内根系发达。春秋两季叶片顶端呈红色。

注意事项 形态奇特的筒叶花月不仅可以做混栽素材，也可以单株观赏。

No.40 锦乙女

景天科青锁龙属

生长类型	观赏价值	培育难易度
夏	 叶形  叶色	

特　征 锦乙女的叶片虽不宽厚，却很有光泽。外形和普通花草极为相似，带有黄色的叶片也很美丽。

注意事项 施肥过量时不仅会引起植株的徒长，还会影响叶片的颜色。锦乙女的生长速度较快，茎会长得很高。为保持其可爱体态，可把它的茎剪短。锦乙女耐寒性差，冬季管理需加倍小心。

灿烂

景天科莲花掌属

生长类型	观赏价值	培育难易度
冬		

特　征 植株在向上生长的过程中，下方叶片会枯黄凋落。茎顶端的叶片呈莲座状四射而开。一枚叶片会带有淡黄、粉红、绿三种颜色，十分美丽。

注意事项 光照不足或施肥过多时，会影响叶片的颜色。要避免夏日阳光的曝晒，可摆放在阳光照射相对较弱的阴凉处养护。

霜之朝

景天科厚叶石莲属

生长类型	观赏价值	培育难易度
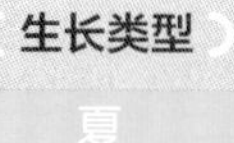夏		

特　征 叶片肥厚光滑，有白粉，叶缘带有一点粉红色。

注意事项 由于霜之朝适应能力较强，既耐寒又耐热，可全年摆放在室外养护。但也不要把它暴露在夏日的阳光下，不要让它遭受冬季寒霜的摧残。其生长速度较为缓慢。

十二卷

百合科十二卷属

生长类型

观赏价值

培育难易度

特　征 十二卷是长期以来备受人们喜爱的多肉植物。细长而生有白色斑纹的叶片十分有个性。直立生长的叶片呈莲座状四射而开。

注意事项 强烈的阳光会灼伤植株的叶片，应采取适当的遮阳措施。这种多肉更适合单株观赏。

仙女之舞

景天科伽蓝菜属

生长类型

观赏价值

培育难易度

特　征 仙女之舞是景天科中的大型种类，茎能长得如同树干一般坚硬。幼株茎有灰白色毛。叶缘有突起，呈三角形。最长可生长至 30cm 左右。

注意事项 仙女之舞虽然很喜欢沐浴阳光，但强烈的阳光也会灼伤植株的叶片，应采取适当的遮阳措施。

No45 仙人之舞（天人之舞）

景天科伽蓝菜属

生长类型 
夏

观赏价值 
叶形 株姿

培育难易度

特 征 宽大舒展的褐色叶片的叶表生满细密的绒毛。生长过程中，长在茎下方的叶片会脱落，茎也会长得像树干一样粗壮。

注意事项 毛茸茸的叶片很容易受伤，养护时要小心碰到叶片。

No.46 月兔耳

景天科伽蓝菜属

生长类型 

春 秋

观赏价值 
株姿

培育难易度 

特 征 叶被绒毛，呈灰白色，叶缘有褐色斑点。黄绿色的植株上泛有一层银光。

注意事项 月兔耳可生长到 40 ~ 50cm 高。不耐夏季的高温潮湿。可从茎的下方摘取 2 ~ 3 枚叶片，用叶插法繁育新苗。

月美人

景天科厚叶草属

生长类型

观赏价值

培育难易度

特　征 圆鼓鼓的叶片最能体现多肉植物的特有魅力。淡粉色的花朵十分美丽，可做花艺使用。

注意事项 只要不被冷雨淋到，冬季也可以摆放在室外养护。月美人是做混栽的好素材。生长速度缓慢。

虹之玉

景天科景天属

生长类型

夏

观赏价值

培育难易度

特　征 处于生长期的虹之玉通体翠绿。而春夏秋三季的虹之玉叶片鲜红。如果日光照射不足，叶片顶端的红色会变淡。

注意事项 虹之玉生根快，容易长出新枝。可通过枝插法和叶插法等方法繁育新苗。生有红艳艳的叶片的虹之玉是混栽素材中极为重要的一员。

紫珍珠

景天科石莲花属

生长类型	观赏价值	培育难易度
夏		

特　征　植株肉质叶排成紧密的莲座状。紫灰色的叶片在强光下或者温差大的情况下，会呈现漂亮的粉红至紫红色。

注意事项　紫珍珠易生病虫害。一旦发现蚧壳虫等害虫，可用牙签剔除。繁育新苗时，可选择叶插法。

No.50

猿恋苇

仙人掌科丝苇属

生长类型	观赏价值	培育难易度
夏		

特　征　猿恋苇是热带雨林中附生在树枝或者岩石上的仙人掌。其枝条如同三节棍，株姿非常有个性。

注意事项　可与丝苇属素材或形态相似的素材搭配在一起混栽。成熟后植株可高达 60cm。做花艺时，可栽种在吊篮或者混栽作品的边缘部分。

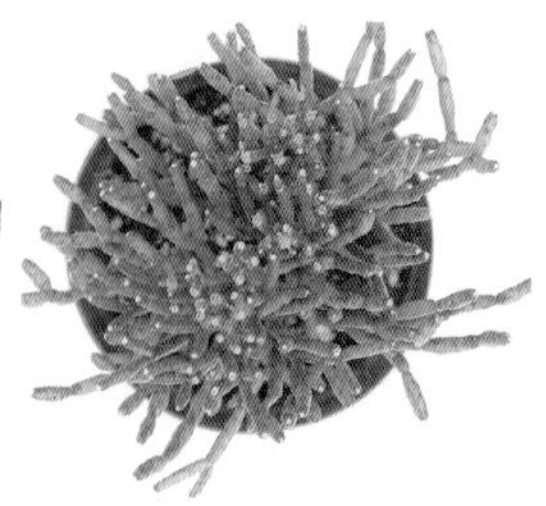

No.51 霜之鹤

景天科石莲花属

生长类型

夏

观赏价值

叶形 株姿

培育难易度

特　征 通透的绿色叶片略向内侧弯曲，植株直立向上生长。株姿与莲座相似。气温降低时，叶缘会呈现出美丽的红色。

注意事项 若希望叶缘红色不减，养护时要注意控制水肥的施加量。宽大而舒展的叶片令人赏心悦目。

No.52 火祭

景天科青锁龙属

生长类型

春　秋

观赏价值

叶形 叶色

培育难易度

特　征 直立生长的红色叶片让火祭看上去如火焰一般热情奔放。气温降低后，叶片会变得更加红艳迷人。

注意事项 日照不足、水肥施加过量时，都会影响叶片的颜色。可把徒长枝剪掉，以便促进新芽的生长。入秋后，叶片的颜色会变得非常美丽。火祭生命力顽强，养护相对容易。

No.53 獠牙仙女之舞

景天科伽蓝菜属

生长类型

观赏价值

培育难易度

特　征 由于叶片内侧凹凸不平，故得名獠牙仙女之舞。植株通体覆有绒毛。

注意事项 如果植株生长速度过快，可把花茎下方的叶片摘下几枚，这样植株就能长出新枝条。獠牙仙女之舞耐寒性较差，冬季可以摆放在窗台处养护。植株最高可达 40 ~ 50cm。

No.54 火祭锦

景天科青锁龙属

生长类型

观赏价值

培育难易度

特　征 火祭锦是火祭的锦化品种。叶色为浅浅的黄绿色和奶油色。如果日光照射充足，叶片还会呈现出淡粉色。

注意事项 养护时，需注意防御病虫害。由于火祭锦养护不易，所以不适合用作混栽素材。

福娘

景天科银波锦属

生长类型：夏

观赏价值： 叶形

培育难易度：

特　征 福娘的叶片呈纺锤形。叶色绿中透白，仿若施粉。叶缘略带红色。

注意事项 无论从叶色还是叶形上看，福娘都是极好的混栽素材。福娘株姿高挑，混栽时很适合摆在作品的中心位置。如被雨淋，叶片上的银白粉就会脱落。

不死鸟锦（极乐鸟锦）

景天科伽蓝菜属

生长类型： 夏

观赏价值： 叶形 叶色

培育难易度：

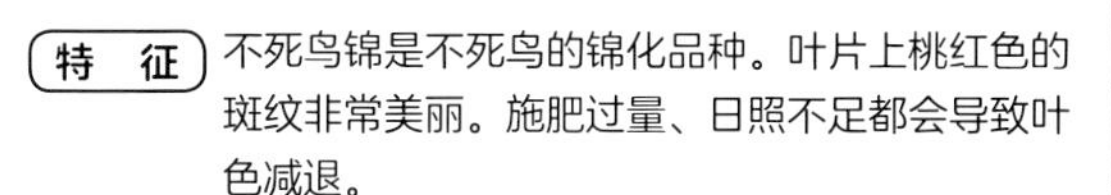

特　征 不死鸟锦是不死鸟的锦化品种。叶片上桃红色的斑纹非常美丽。施肥过量、日照不足都会导致叶色减退。

注意事项 不死鸟锦可于春夏秋三季养在室外，被雨浇到也不要紧。与其他多肉植物相比，不死鸟锦需要的肥料会稍微多一些。

No.57 红覆轮

景天科银波锦属

生长类型	观赏价值	培育难易度
夏	 叶形  株姿	

特　征 红覆轮宽大青翠的叶片上略带一点白色，叶缘呈红色。茎非常粗壮。

注意事项 可以把茎剪下来一部分，用枝插法繁育新苗，但由于红覆轮生根速度缓慢，所以所需时间比较长。红覆轮体形高大，混栽时适合摆放在作品的中心位置。

No.58 星王子

景天科青锁龙属

生长类型	观赏价值	培育难易度
夏	 叶形  株姿	

特　征 整个植株叶片排列紧密而整齐，由基部向上逐渐变小，形成宝塔状。叶片为心形或长三角形，呈红褐色或褐色，叶缘有白色角质层。

注意事项 星王子很适合参与混栽。栽种时，可剪取一段长约 5cm 的茎，把下方叶片摘掉几枚再扦插。剪切时，要连同叶片根部一起剪下来。

箭叶菊

菊科千里光属

生长类型	观赏价值	培育难易度
夏	叶形、株姿	

特　征 箭叶菊叶片形似小船，由于叶缘锯齿与菊叶相似，故名箭叶菊。叶缘向内侧卷曲，叶片形态外宽内窄。

注意事项 无论是叶色还是叶形，箭叶菊都很适合和其他素材搭配在一起混栽。养护时，要保持环境通风干爽，不要让它处于闷热潮湿的环境中。

铭月

景天科景天属

生长类型	观赏价值	培育难易度
春／秋	叶色、株姿	

特　征 黄绿色的叶片肥硕平滑，光泽熠熠。叶缘呈红色。入秋后，随着气温的降低，叶片会变得红彤彤的。

注意事项 叶色为黄色的铭月是混栽中的宝贵素材。如果浇水适量，铭月在零下 3℃的室外依然可以生存。铭月生根迟缓，养护要有耐心。

No.61 夕映爱（清盛锦）

景天科莲花掌属

生长类型：春 / 秋

观赏价值：叶色、株姿

培育难易度

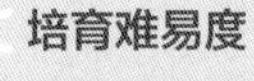

特　征 叶片色彩丰富，中央部分为杏黄色，与淡绿色间杂，外缘则呈红色、红褐色及粉红色等。

注意事项 夕映爱体形高大，适合摆放在混栽作品的中心位置。由于植株可分生出很多枝条，单株观赏的价值很高。夕映爱既耐寒又耐热，养护简单。

No.62 新嫁娘

景天科银波锦属

生长类型：春 / 秋

观赏价值：叶色

培育难易度

特　征 叶片顶端有紫红叶尖，整个叶面有一层白粉。强光照射下，叶片的顶端和边缘会较红。成熟后，茎会横向生长。

注意事项 日照不足、施肥过量都会影响叶片的颜色。如果茎生长过长，可以从下方摘取下几枚叶片，用叶插法繁育新苗。

No.63 玫叶兔耳

景天科伽蓝菜属

生长类型	观赏价值	培育难易度
夏		

特　征 玫叶兔耳是仙女之舞的一种。叶子较肥厚，叶缘有齿状突起，通体覆有浓密的棕色绒毛，手感粗糙。

注意事项 玫叶兔耳生命力较强，喜日照、排水性良好的土壤。夏季应摆放在通风良好的位置，冬季则要注意防霜防冻。

No.64 若绿

景天科青锁龙属

生长类型	观赏价值	培育难易度
夏		

特　征 条状的枝条郁郁葱葱，叶片很小，叶色青翠可爱。

注意事项 若绿很难在混栽中做主角，但可以把它安置在作品的边缘，起衬托作用。日照不足会造成徒长和枝条下垂等现象。耐寒性较强。

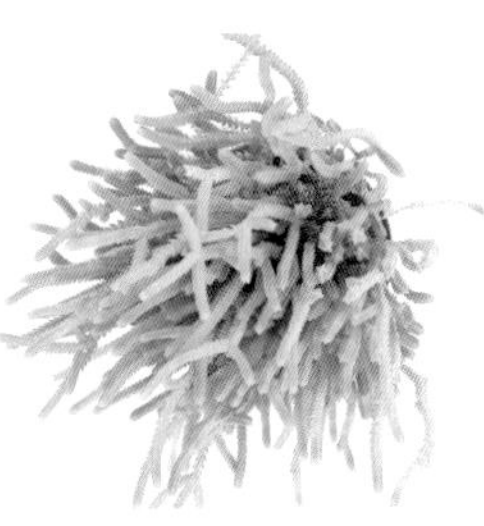

C类 下垂生长型

No.65 雅乐之舞

马齿苋科马齿苋属

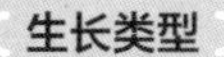

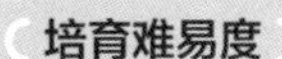

生长类型	观赏价值	培育难易度
春 / 秋	叶色、株姿	

特　征 雅乐之舞是马齿苋树的斑锦变异品种。耐寒性较差，长大后枝条会垂下来。

注意事项 养护时应避免夏日阳光的直射，宜摆放在阴凉处。混栽时可栽种在吊篮或壁挂作品中，借助其柔美飘逸的特性为作品增光添彩。

No.66 翡翠珠

菊科千里光属

生长类型	观赏价值	培育难易度
夏	株姿	

特　征 饱满浑圆的小叶子形似珍珠，广受人们的喜爱，是一种极具观赏价值的多肉植物。

注意事项 在温暖、空气湿度较大、强散射光的环境中生长最佳。夏季应避免高温、高湿。混栽时，可把它栽种在花盆的边缘，以突显其柔顺形态。把茎剪掉就会生出很多根须。可用枝插法繁育新苗。

龙血锦

景天科景天属

生长类型	观赏价值	培育难易度
春 / 秋	叶形 叶色	

特　征 卵圆形叶片小巧袖珍，呈血红色或紫红色。开枝散叶后会横向生长。

注意事项 龙血锦生根快，可用枝插法繁育新苗，但其生长速度缓慢。适合与其他素材搭配在一起混栽，常以配角身份登场。也适合栽种在吊篮中观赏。

薄雪万年草

景天科景天属

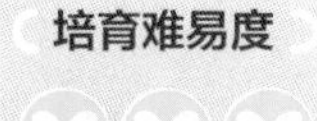

生长类型	观赏价值	培育难易度
春 / 秋	株姿	

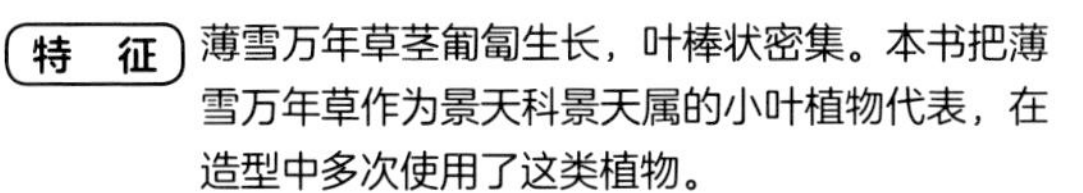

特　征 薄雪万年草茎匍匐生长，叶棒状密集。本书把薄雪万年草作为景天科景天属的小叶植物代表，在造型中多次使用了这类植物。

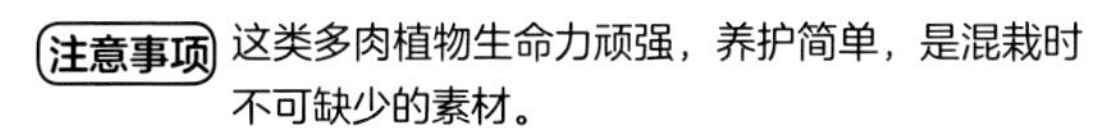

注意事项 这类多肉植物生命力顽强，养护简单，是混栽时不可缺少的素材。

No.69 小玉珠帘

景天科景天属

生长类型：春 秋

观赏价值：叶形 株姿

培育难易度

特　征 纺锤形的叶片肥硕多肉，叶色绿中带白，枝条下垂呈伞房状。

注意事项 小玉珠帘适合栽种在吊篮里，叶片易脱落，混栽和扦插时要多加小心。长大后的茎可达 1m 左右。

No.70 碧绿珊瑚苇

仙人掌科丝苇属

生长类型

观赏价值

培育难易度

特　征 生长在南美洲的一种仙人掌科多肉植物。生长过程中会长出很多枝条。如果养分不足，茎就会变成茶褐色。

注意事项 碧绿珊瑚苇适合与形态相似的素材搭配在一起混栽。即使摆放在光照不足的地方，它依然能生长得很好。养护时，可多给它追一些肥。

No.71 青柳

仙人掌科丝苇属

生长类型

观赏价值

培育难易度

特　征 一种原生于南美洲丛林中的仙人掌科多肉植物。生命力强，长势旺盛。

注意事项 青柳适合与形态相似的素材搭配在一起混栽。由于其长势旺盛，混栽时应摆放在中心位置。生长速度相对缓慢。

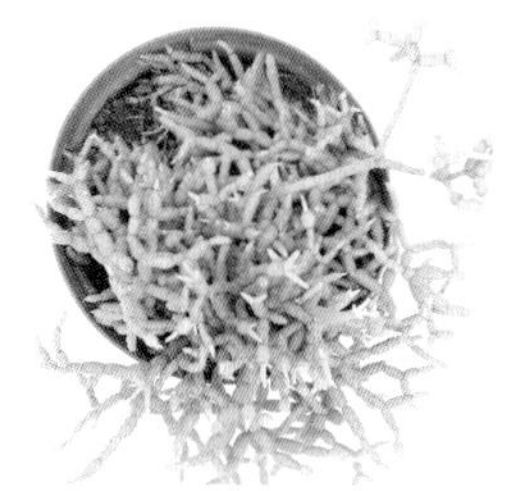

No.72 朝之霜

仙人掌科丝苇属

生长类型

观赏价值

培育难易度

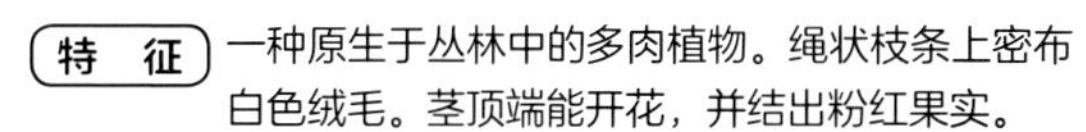

特　征 一种原生于丛林中的多肉植物。绳状枝条上密布白色绒毛。茎顶端能开花，并结出粉红果实。

注意事项 植株在生长过程中会分生出很多枝条，适合栽种在吊篮里。栽种的土壤要保持干燥，但可以生长在相对湿润的环境中。如果空气过于干燥，可用加湿器处理。

附录：多肉植物词典

（赤玉土）

指把火山岩中的小粒筛掉，留下大小均等的土粒。颗粒状的赤玉土透气性良好，是栽种多肉植物的好材料。

（液肥）

是一种液体肥料，直接喷洒于植物叶面或根部，让其吸收较为快速。多应用于追肥的场合。

（亲株）

指分株时原本的植株。与子株相对。

（科）

指植物分类学上的一个级别，比“属”的范畴大。

（土壤过湿）

指花盆内的土壤含水过多。植株如长期生长在湿度过大的土壤里，就会烂根。

（分株法）

指将植物的根、茎基部长出的小分枝与母株相连的地方切断，然后分别栽植，使之长成独立的新植株的繁育法。此法简单易行，成活快，可广泛应用。也可用分株法做混栽。

（化学肥料）

是指用化学方法制造或者开采矿石，经过加工制成的肥料，其成分包括氮、磷、钾等元素。是一种用化学方法制作的无机肥。

（植株）

指植物生长在土面以上的部分。

（株元）

指植株和土壤接触的部分。

（轻石）

是多肉植物的重要花土之一。颗粒状的轻石透气性、保水性良好。也可以把大块的轻石垫放在花盆的排水孔上，以防土壤流失。

（休眠）

指植物在生长过程中生长速度缓慢、停滞的阶段。

（下垂生长型）

指植株的枝条下垂生长的样态。如小玉珠帘等植物就是下垂生长型的多肉植物。

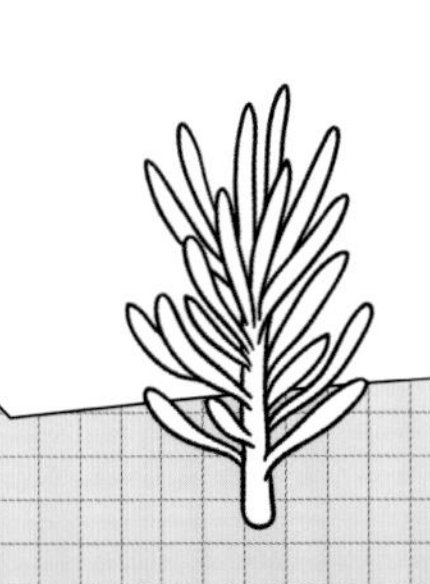

（稻壳炭）

指稻壳经烘焙炭化而成的土壤。质地轻。与花土搅拌在一起时，可以提升花土的透气性和保水性。

（化妆砂）

指覆盖在花土表面起装饰性作用的砂子。颗粒大小、颜色各不相同。

（子株）

指从母株上分生出来的新植株。

（枝插法）

指植物的一种繁育方法，即把剪下来的茎插到土壤里，使茎生根发芽。大多数多肉植物都可以用这种方法繁育新苗。

（自生）

指植物无需人工栽培，自然生长。马齿苋等野菜都是自生植物。

（下叶）

指生长在茎下方的叶片。

（霜）

指冬季植物体温下降时，由于空气的升华作用而凝结在植株表面上的水蒸气。霜会破坏植物的细胞壁，影响植物生长。

（遮阳）

指为避免植株遭受阳光直射，用百叶窗或窗帘等遮挡住阳光。强烈的阳光会把叶片灼伤。

（生长期）

指植物生长的旺盛阶段。本书把多肉植物划分成三种生长类型，即春秋型种、夏型种和冬型种。

（生长点）

植物学上通常称为分生区，又称生长锥或顶端分生组织，此处细胞分裂活动旺盛。根和茎的顶端分生组织又叫生长点或生长锥，植物学一般称之为分生区。

（属）

指植物分类学上的一个级别，比“种”的范畴大，比“科”的范畴小。

（耐阴性）

指植物能在弱光下继续生存的能力。可把耐阴性强的植物放置在阳光照射不到的位置养护。

（耐寒性）

指植物耐受寒冷而能生存的特性。耐寒性强的植物可在冬天摆放于室外过冬。

（多湿）

指环境潮湿。多肉植物不喜欢在潮湿的环境中生长。

（追肥）

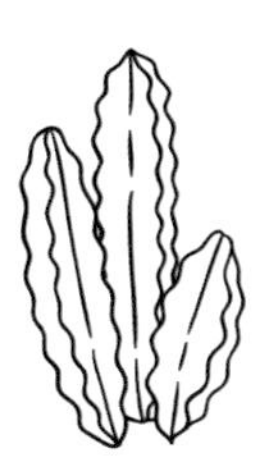

指在作物生长中加施的肥料。追肥可用见效快的肥料。与基肥相对。

（刺座）

刺座是仙人掌类植物特有的，是生长在刺根部覆有绒毛的组织。仙人掌科的植物即便没有刺，也会长刺座。这是它和多肉植物的重要区分。

（徒长）

指植物因生活条件不协调而产生的茎叶发育过旺的现象。水肥施加过量、日照不足都会引起多肉植物的徒长。

（日照）

指阳光直射。日照不足会引起多肉植物的徒长。日照时间过长会把多肉植物的叶片灼伤。

（烂根）

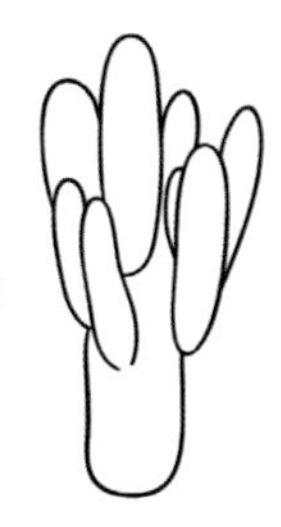

水分过多时，植物会因为土壤中缺乏氧气而导致根进行无氧呼吸产生酒精，进而对根细胞产生毒害作用，被称为烂根现象。烂根会导致植株的枯萎、死亡。

（固定植株）

指栽种多肉植物时，把植株根部的土固定紧实。或在植物的根部附近栽种其他植物。

（生根过密）

指花盆中的根须没有足够的生长空间。生根过密会影响植株生长。

（土坨）

指植株扎根在土壤里，包裹在根部周围的花土。

（培养土）

指为栽种植物，把肥料和土壤按比例配置在一起，形成的一种利于植株生长的花土。

（叶插法）

指把植株的叶片扦插在花土里，用这种方式繁育新苗。

（生根）

指植株长出根须。

〔花剑〕

指开放后枯萎在枝头上的花朵。这样的花会引发病害，应及时剪掉。

〔叶片灼伤〕

指阳光曝晒引起的叶色减退问题。阳光照射强烈时，应采取相应的遮阳措施，避免叶片被灼伤。

〔半日阴〕

指日照时间相对较短的位置。比如一天只能接受阳光照射 3 ～ 4 小时的地方。

〔斑锦〕

指非病害造成的叶片叶绿素流失，使叶色呈现白黄等颜色。比如花月锦（见第 131 页）。

〔腐叶土〕

指把落叶堆积在一起制成的腐殖土。可与肥料混合在一起，做培养土使用。

〔分枝〕

指从植株的茎上生长出枝条的现象。

〔保水性〕

指土壤蓄水保水的能力。多肉植物适合栽种在保水性差的土壤中。

〔水苔〕

生长在湿地中的一种苔藓类植物。可用来做水苔基座（见第 36 页）。

〔排水性〕

指土壤的排水能力。多肉植物适合栽种在排水性好的土壤中。

〔密植〕

指在单位面积土地上适当缩小作物行距和株距，以增加播种量，增加株数。

〔基肥〕

指育苗前，搅拌在花土里的肥料。也叫底肥，与追肥相对。

〔莲座状〕

指植物的叶片以四射状生长，形如绽放的莲花。以白牡丹为代表的多肉植物的生长形态即莲座状（见第 120 页）。

〔侧芽〕

指从茎轴的侧面发生分枝的芽的总称。一般是腋生形成的。此外，有极少数是从根发出的（根出芽）。

图书在版编目（CIP）数据

多肉混栽美美哒 /（日）田边正则编著; 袁光译. --
南京 : 江苏凤凰科学技术出版社, 2017.6
ISBN 978-7-5537-7495-4

Ⅰ. ①多… Ⅱ. ①田… ②袁… Ⅲ. ①多浆植物－观赏
园艺－ Ⅳ. ①S682.33

中国版本图书馆CIP数据核字（2016）第280558号

多肉混栽美美哒

编 著	[日]田边正则
译 者	袁 光
责任编辑	倪 敏
责任监制	曹叶平 方 晨
出版发行	凤凰出版传媒股份有限公司 江苏凤凰科学技术出版社
出版社地址	南京市湖南路 1 号 A 楼，邮编：210009
出版社网址	http://www.pspress.cn
经 销	凤凰出版传媒股份有限公司
印 刷	北京旭丰源印刷技术有限公司
开 本	718mm × 1000mm 1/16
印 张	10.5
字 数	80 000
版 次	2017年6月第1版
印 次	2017年6月第1次印刷
标准书号	ISBN 978-7-5537-7495-4
定 价	45.00元

图书如有印装质量问题，可随时向我社出版科调换。